西门塔尔公牛（王惠生提供）

利木赞公牛（王惠生提供）

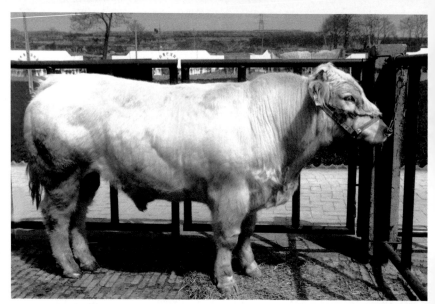

夏洛来公牛（王惠生提供）

安格斯公牛（王惠生提供）

2

肥育牛群及牛舍（王惠生提供）

运动场

肥牛 1 号

肥牛 2 号

肥牛 3 号

4

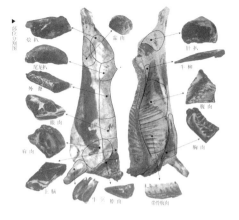

牛肉部位分割图

高档牛胴体

排酸前后

5

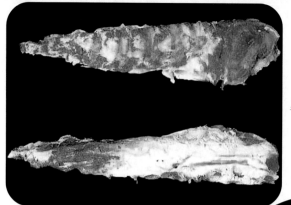

里脊

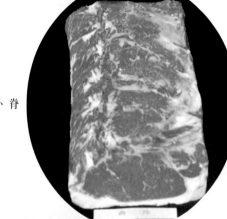

外脊

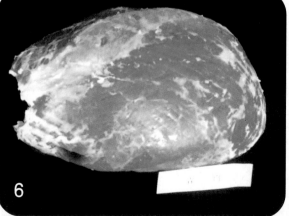

膝圆

6

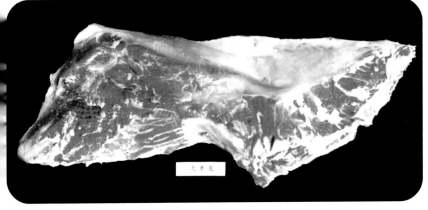

大米龙

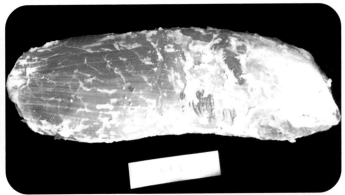

小米龙

腰 肉

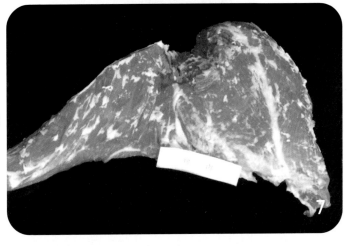

7

S腹肉

带脂三角肉

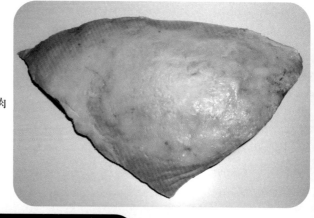

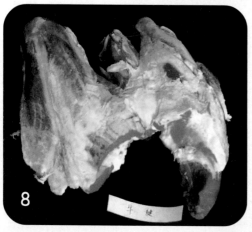

牛 腱

8

肉牛快速肥育实用技术

蒋洪茂　编著

金盾出版社

内 容 提 要

本书由北京市农林科学院蒋洪茂研究员编著。内容包括:肥育牛的选择,架子牛的收购,架子牛的运输,肥育牛的饲料,肥育牛的饲料配方及日粮配合,肥育牛的饲养,肥育牛的防疫保健,肥育牛的出栏,肥育牛场建设,肥育牛的安全生产和肉牛屠宰与分割。本书内容丰富,技术实用,文字简练,通俗易懂。是肉牛饲养专业户较好的教科书,也可供科研人员和农业院校师生阅读参考。

图书在版编目(CIP)数据

肉牛快速肥育实用技术/蒋洪茂编著. —北京:金盾出版社,2003.9
ISBN 978-7-5082-2232-5

Ⅰ. 肉… Ⅱ. 蒋… Ⅲ. 肉牛-饲养管理 Ⅳ. S823.9

中国版本图书馆 CIP 数据核字(2002)第 080130 号

金盾出版社出版、总发行
北京太平路 5 号(地铁万寿路站往南)
邮政编码:100036 电话:68214039 83219215
传真:68276683 网址:www.jdcbs.cn
彩色印刷:北京精美彩印有限公司
黑白印刷:北京金星剑印刷有限公司
装订:桃园装订厂
各地新华书店经销
开本:787×1092 1/32 印张:9.625 彩页:8 字数:207 千字
2009 年 2 月第 1 版第 7 次印刷
印数:53001—63000 册 定价:16.00 元

前　言

　　我国肉牛饲养业在当前和今后农业产业化格局中的地位和作用,已经越来越显示出它的重要性。尽快提高我国肉牛业生产水平,是我们肉牛生产科技工作者的职责。出于这种使命感,笔者将个人30余年在肉牛科研、生产和技术推广中的经验整理成文,供同行们参考。

　　本书主要介绍现代化肉牛生产中肥育牛的选择、收购和运输,肥育牛的饲料、饲养、防疫保健,肉牛的出栏,牛场建设,肉牛屠宰及胴体分割技术。笔者试图通过本书的介绍,使我国的肉牛业生产技术、牛肉分割加工技术与国外同行业的先进技术接轨,尽量缩小二者之间的差距。

　　由于受知识水平的限制,书中难免有不妥或错误之处,恳请读者批评指正。谨向有关本书所引用的参考资料的作者和译者致谢。

编 著 者

2003 年 6 月

目 录

第一章　肥育牛的选择

能不能把肥育牛养好,第一位的是选好牛。选择肥育牛的内容应包括肥育牛品种的选择、肥育牛年龄的选择、肥育牛性别的选择、肥育牛体重的选择、肥育牛体型的选择、肥育牛体质的选择和肥育牛体膘的选择。

第一节　肥育牛品种的选择

我国地大物博,登记在册的黄牛品种有 28 个,如秦川牛、南阳牛、鲁西牛、晋南牛、延边牛、蒙古牛、哈萨克牛(主要产区新疆维吾尔自治区伊犁哈萨克自治州)、三河牛、新疆褐牛、西藏牛等,本书仅介绍其中的一部分。

一、纯种黄牛

(一) 晋南牛　晋南牛的育成地在山西省运城市的万荣县。现在晋南牛的主产区在运城地区、临汾地区等。

1. 体型外貌　晋南牛体格高大,骨骼粗壮,体质壮实,全身肌肉发育较好。头较长较大,额宽嘴大,有"狮子头"之称。鼻镜粉红色。角短粗呈圆形或扁平形,顺风角形较多,角尖枣红色。被毛多为枣红色和红色,皮厚薄适中而有弹性。体躯高大,鬐甲宽大并略高于背线,前躯发达,胸宽深,背平直,腰较短,腹部较大而不下垂。臀部较大且发达,尻较窄且斜。四肢结实、粗壮。蹄大、圆,蹄壳深红色(彩图 1)。

2. 体尺与体重　晋南牛的体尺与体重见表 1-1

表 1-1　晋南牛的体尺与体重

性　别	体高(厘米)	体长(厘米)	胸围(厘米)	管围(厘米)	体重(千克)
公　牛	138.6	157.4	206.3	20.2	607.4
母　牛	117.4	135.2	164.6	15.6	539.4

3．产肉性能　根据作者 1991 年、1994 年、1998 年和 2001 年的屠宰试验,晋南牛的产肉性能见表 1-2。

从表 1-2 可以看出,晋南牛具有非常优良的产肉性能。

表 1-2　晋南牛的产肉性能

年度	头数	年龄(月)	宰前活重(千克)	胴体重(千克)	屠宰率(%)	净肉重(千克)	胴体产肉率(%)
1991	28	27	581.9	369.3	63.38	313.7	84.94
1994	30	24	541.9	344.0	63.44	292.8	85.11
1998	9	24	485.8	302.7	62.36	267.6	88.40
2001	88	36	521.3	274.6	53.7[*]	229.4	83.53

* 民营屠宰企业的屠宰率标准

4．杂交效果　据山西省运城市家畜家禽改良站李振京先生等报道,用夏洛来牛、西门塔尔牛、利木赞牛(也称利木辛牛)分别改良晋南黄牛,在相同的饲养管理条件下,15 月龄的杂交牛,经过 100 天的肥育后,在 18 月龄时,夏晋牛体重(436.75 千克)比晋南牛体重(331.75 千克)高 105 千克;西晋牛体重(425.5 千克)比晋南牛体重高 94 千克;利晋牛体重(417.3 千克)比晋南牛高 86 千克。在 100 天的肥育时间内,夏晋牛、西晋牛、利晋牛分别比晋南牛的日增重高 46.2%、35.5%、33.1%,说明改良效果显著(表 1-3)。

表 1-3　晋南改良牛生长肥育比较

组　别	头　数	饲养天数	开始体重（千克）	结束体重（千克）	日增重（克）	与晋南牛比较
晋南牛	4	100	276.05	331.75	619	100.0
夏晋牛	4	100	355.35	436.75	905	146.2
西晋牛	4	100	350.00	425.5	839	135.5
利晋牛	4	100	343.13	417.30	824	133.1

在屠宰成绩中，夏晋牛、西晋牛、利晋牛的屠宰率分别比晋南牛高 5.81%，5.27%，4.28%。净肉率同样是杂交牛高于纯种晋南牛，仍以上述排序，杂交牛净肉率要分别比晋南牛高 5.89%，5.07%，5.64%（表 1-4）。

再据山西省万荣县畜牧局王恒年先生等报道，用利木赞牛改良晋南牛，杂交一代牛在 24 月龄体重达到 651 千克，比同龄的晋南牛 292 千克高 359 千克，杂交优势非常明显。

（二）秦川牛　陕西关中平原是秦川牛的主产区。关中平原的咸阳市和渭南市是秦川牛的育成地。

表 1-4　晋南改良牛屠宰成绩表

组　　别	头数	宰前活重（千克）	胴体重（千克）	屠宰率（%）	净肉重（千克）	净肉率（%）	胴体产肉率（%）	骨重（千克）	骨肉比	月龄
晋南牛	4	318	164.4	51.69	127.7	40.15	77.66	31.1	1:4.1	18～20
夏晋牛	4	422	242.2	57.50	194.1	46.04	80.13	41.8	1:4.7	17～19
西晋牛	4	412	234.7	56.96	186.3	45.22	79.38	42.7	1:4.4	18～19
利晋牛	4	404	226.3	55.97	185.2	45.79	81.82	36.1	1:5.1	17～20

1．体型外貌　秦川牛体格高大,结构匀称,肌肉丰满,毛色紫红,体质结实,骨骼粗壮,具有肉用牛的体型。头大额宽,清秀,面平口方。角短粗,钝角,向后,常常是活动角。鼻镜宽大,粉红色。皮厚薄适中而有弹性。胸部宽深,肋骨开张良好,背腰平直,长短适中,尻部稍斜,胸部深而宽。四肢粗壮,直立。臀部较发达,肥育后圆而宽大。蹄圆大,蹄壳红色(彩图2)。

2．体尺与体重　秦川牛的体尺与体重见表1-5

表 1-5　秦川牛的体尺与体重

性　别	体高(厘米)	体长(厘米)	胸围(厘米)	管围(厘米)	体重(千克)
公　牛	141.4	160.4	200.5	22.4	594.5
母　牛	124.5	140.3	170.8	16.8	381.8

3．秦川牛的产肉性能

据西北农林科技大学邱怀教授用6月龄秦川牛在中等营养条件下饲养到18月龄,屠宰测定秦川牛的产肉性能见表1-6。

笔者于1991年采用肉牛易地肥育法,从咸阳市的兴平市购买16月龄的未去势秦川公牛30头肥育(肥育开始前20天去势),由开始平均体重221.8千克,经过395天肥育,体重达到517.8千克,平均日增重749克。屠宰前活重为590.4±53.6千克,屠宰率为63.02%±2.17%,胴体重372.3±39.9千克,净肉重312.6±31.2千克,净肉率为52.95%±2.56%,胴体产肉率为84.09%±4.43%,经过充分肥育的秦川牛表现了非常优秀的肉用性能。

表 1-6　秦川牛的产肉性能

项　　目	公牛(3 头)	母牛(4 头)	阉牛(2 头)	平均(9 头)
屠宰前活重(千克)	408.6 ± 4.6	345.5 ± 14.9	385.5 ± 27.5	375.7 ± 33.2
胴体重(千克)	282.0 ± 4.6	202.3 ± 12.0	232.2 ± 27.0	218.4 ± 21.0
净肉重(千克)	198.9 ± 2.8	177.3 ± 11.4	199.5 ± 18.2	189.6 ± 15.7
屠宰率(%)	56.8 ± 0.8	58.5 ± 1.1	60.1 ± 2.0	58.3 ± 1.7
净肉率(%)	48.6 ± 1.2	51.4 ± 1.4	51.7 ± 1.4	50.5 ± 1.7
胴体产肉率(%)	85.7 ± 1.6	87.1 ± 1.2	85.9 ± 2.0	86.8 ± 1.9
骨肉比	1:5.8	1:6.8	1:5.8	1:6.1
脂肉比	1:9.6	1:5.4	1:6.4	1:6.5
眼肌面积(平方厘米)	106.5	93.1	96.9	97.0 ± 20.3

4. 秦川牛的杂交效果　秦川牛用丹麦红、利木赞和西门塔尔等品种牛作父本进行杂交改良,也取得了较好的效果。

(三)鲁西牛　鲁西牛的育成地在山东省的济宁市和菏泽市。现在鲁西牛的主要产区,除济宁市和菏泽市外,在泰安市、青岛市及德州市等均有较多数量。

1. 体型外貌　鲁西牛体躯高大,体长稍短,骨骼细,肌肉发达,按体格大小,鲁西牛可以分为大型牛和中型牛。大型牛又称"高辕牛",中型牛又称"抓地虎"。

鲁西牛的牛头短而宽,粗而重。鼻镜颜色肉红色。牛角以扁担角、龙门角较多,颜色为棕色或白色。全身被毛棕红色、黄色或淡黄色者较多。嘴、眼圈、腹部内侧、四肢内侧的毛色较淡,称为"三粉"。皮厚薄适中而有弹性。体躯高大而稍短,前躯比较宽深,背腰平宽而直,侧望似是长方形;腹部大小适中,不下垂,具有肉用牛的体型,胸部较深较宽。臀部较丰满,尻部较斜。四肢粗壮有力。牛蹄大而圆,颜色为棕色或白色(彩图3)。

2. 体尺与体重　鲁西牛的体尺与体重如表1-7。

表 1-7　鲁西牛的体尺与体重

性　别	体高(厘米)	体长(厘米)	胸围(厘米)	管围(厘米)	体重(千克)
公　牛	146.3	160.9	206.4	21.0	644.4
母　牛	123.6	138.2	168.0	16.2	355.7

3. 鲁西牛的产肉性能　根据笔者1991年、1998年、2001年的饲养和屠宰测定,鲁西牛的产肉性能见表1-8。

表 1-8　鲁西牛的产肉性能表

年度	头	年　龄(月)	宰前活重(千克)	胴体重(千克)	屠宰率(%)	净肉重(千克)	胴体产肉率(%)
1991	30	27	527.9	332.9	63.06	282.4	84.69
1998	10	24	493.8	310.5	62.87	255.7	82.35
2001	293	18～30	449.0	241.7	53.87*	203.4	84.15

*民营屠宰企业的胴体标准

有些资料评述我国黄牛(鲁西牛、秦川牛、南阳牛、晋南牛、延边牛、渤海黑牛、郏县红牛及冀南牛等)的产肉性能时,不是统计数量少,或是未到屠宰体重,或是未经充分肥育,或是肥育时间短,没有提供我国黄牛展示优良肉用性能的平台。因此,所提出部分数据(屠宰重、净肉重、肉块重量等)不是我国黄牛真实的肉用性能数据。其实,我国黄牛具有非常好的并能和国外专用肉牛品种相媲美的肉用性能。

4. 鲁西牛杂交效果　纯种鲁西牛有很多优点,但也有不少不足之处,例如,生长速度较慢,后躯发育稍差,斜尻等。因此,适度改良鲁西牛很有必要。改良鲁西牛的父本品种有利木赞牛、西门塔尔牛和皮埃蒙特牛等。西门塔尔牛改良鲁西牛屠宰成绩见表1-9。

表 1-9 西门塔尔牛改良鲁西牛屠宰成绩

品种	头数	宰前活重（千克）	胴体重（千克）	净肉重（千克）	屠宰率（%）	净肉率（%）	胴体产肉率(%)	眼肌面积（平方厘米）
本地牛	2	385	190.04	147.26	49.36	38.25	78.27	—
杂交一代	2	480	264.35	209.00	57.16	43.54	76.18	72.25
杂交二代	2	489	281.20	226.40	57.51	46.30	80.51	116.00
杂交三代	2	555	326.40	263.35	58.81	47.45	80.68	122.43

杂交牛一代至三代的平均屠宰率为 57.83%,净肉率为 45.77%,比鲁西牛高 8.47 及 7.52 个百分点。

(四) 南阳牛 南阳牛的育成地在河南省南阳市的唐河县。现在南阳牛的主产区除南阳市外,在河南省的周口市、商丘市等也有大量饲养。

1. 体型外貌 南阳牛体格高大,肩峰高耸。头较小较轻。鼻镜颜色为肉色。角较小较短,角色淡黄色。被毛毛色有黄红色,黄色,米黄色,草白色。皮薄而有弹性,皮张品质优良,为国内制革行业首选原料皮。体格高大,肩峰高耸,腹部较小,长圆筒形,前躯发育好于后躯,全身肌肉较丰满。臀部较小,发育较差,尻部斜而窄。四肢正直,但四肢骨骼较细。蹄圆,大小适中,蹄壳颜色以琥珀色和蜡黄色较多(彩图4)。

2. 体尺与体重 南阳牛的体尺与体重见表1-10。

表 1-10　南阳牛的体尺与体重

性　　别	体高(厘米)	体斜长(厘米)	胸围(厘米)	管围(厘米)	体重(千克)
公　牛	144.9	159.8	199.5	20.4	647.9
母　牛	126.3	139.4	169.2	16.7	411.9

3. 产肉性能　南阳牛腹部较小,体躯呈圆筒状。因此,经过充分肥育的南阳牛屠宰率较高。作者于 1991 年、2001年肥育饲养南阳牛 100 余头,屠宰率 64%,净肉率 55%。

4. 杂交效果　据河南省南阳市畜牧兽医站赵凡等报道,南阳牛用皮埃蒙特牛、契安尼娜牛改良,取得了较好的效果(表 1-11)。

表 1-11　皮埃蒙特牛、契安尼娜牛改良南阳牛效果

组　别	头数	肥育期(月数)	开始体重(千克)	结束体重(千克)	日增重(克)	屠宰率(%)	眼肌面积(平方厘米)
南阳牛	2	8	246	411	906	61.0	85.5
皮南牛	2	8	303	479	960	61.8	91.7
契南牛	2	8	319	532	1170	58.8	141.0

在另一个皮南杂交牛、契南杂交牛和南阳牛的肥育试验中,在 310 天试验期内,南阳牛日增重为 747 克,皮南杂交牛的日增重为 723 克,契南杂交牛的日增重为 859 克。皮南杂交牛的增重不如南阳牛。从本次试验结果可以说明,利用杂交优势要进行杂交组合的选定,不是任何杂交组合都有杂交优势。

据中国农业科学院畜牧研究所吴克谦等报道,南阳牛用西门塔尔牛、夏洛来牛与利木赞牛进行改良,表现出以下几个特点:①杂交牛的个体大于纯种牛;②杂交牛的屠宰率高于

纯种牛,杂交二代高于杂交一代；③杂交牛的净肉率高于纯
种牛(表1-12)。

表 1-12　南阳牛和杂交牛屠宰成绩

项　目	西杂二代	西杂一代	夏杂	利杂	秦杂	南阳牛	对照牛*
宰前活重(千克)	555	526	554	500	488	499	425
胴体重(千克)	329.5	295.5	324	301	285.8	274	238
屠宰率(%)	59.4	56.2	58.5	60.2	58.5	54.9	56.0
胴体体表脂肪覆盖(%)	85.0	86.0	85.0	80.0	75.0	80.0	75.0
骨重(千克)	48.0	48.0	50.0	45.5	48.0	39.5	40.0
净肉率(%)	50.7	47.1	49.5	51.1	48.7	47.0	46.6
骨肉比	5.86	5.16	5.48	5.62	4.95	5.94	4.95

　* 对照牛是指未经专门肥育的南阳牛

（五）延边牛　延边牛的主产区在吉林省的延边自治州。

1. 体型外貌　延边牛的牛头较小,额部宽平。鼻镜颜色
为淡褐色,带有黑斑点。角根较粗,向外后方伸展成"一"字
形,以倒"八"字角为主。全身被毛为黄色的占75%,浓黄色
的占16%,淡黄色的较少,被毛长而密,皮厚而有弹性。前躯
发育好,后躯发育不如前躯,但仍有长方形肉用牛体型,骨骼
结实,胸部深而宽。臀部发育一般,斜尻较重。四肢健壮,粗
细适中。蹄壳为淡黄色。

2. 体尺与体重　延边牛的体尺与体重见表1-13。

3. 产肉性能　笔者于1994年采用肉牛易地肥育法,从
延边自治州购买10～12月龄的未去势延边公牛10头肥育
(肥育开始后180天去势)。经过420天肥育,屠宰前活重为
535±42.47千克,屠宰率为61.29%±1.25%,胴体重328±

28.27 千克,净肉重 273.69 ± 26.7 千克,净肉率为 51.1% ± 1.6%,胴体产肉率为 83.37% ± 1.25%。

表 1-13　延边牛的体尺与体重

性　别	体高(厘米)	体长(厘米)	胸围(厘米)	管围(厘米)	体重(千克)
公　牛	130.6	151.8	186.7	19.8	465.5
母　牛	121.8	141.2	171.4	16.8	365.2

（六）渤海黑牛　渤海黑牛的主产区在山东滨州市无棣县。

1. 体型外貌　渤海黑牛头较小较轻。鼻镜颜色为黑色,典型的渤海黑牛有鼻、嘴、舌三黑的特点。角形以龙门角和倒"八"字角为主。全身被毛为黑色,皮厚薄适中而有弹性。低身广躯,呈长方形肉用牛体型。臀部发育较好,斜尻较轻。四肢较短。蹄壳为黑色。

2. 体尺与体重　渤海黑牛的体尺与体重见表 1-14。

表 1-14　渤海黑牛的体尺与体重

性　别	体高(厘米)	体斜长(厘米)	胸围(厘米)	管围(厘米)	体重(千克)
公　牛	129.6	145.9	182.9	19.8	426.3
母　牛	116.6	129.6	161.7	16.2	298.3

3. 产肉性能　据笔者测定 12 头渤海黑公犊牛,经过充分肥育,屠宰前体重 501.3 千克,胴体重 318.7 千克,屠宰率 63.6%,净肉重 267.6 千克,净肉率 53.4%。另据资料介绍,未经肥育的渤海黑牛的产肉性能见表 1-15。

（七）冀南牛　冀南牛的主产区在河北省南部地区。

1. 体型外貌　冀南牛头较大较粗。鼻镜多为淡粉色。

角向上或横角较多,角为黄色。全身被毛为红色、黄色,皮厚而结实有弹性。体躯类似鲁西牛。臀部较大且发育较好,尻部长而斜。四肢粗壮,结实。蹄壳棕色带有纵向黑条纹。

表 1-15　渤海黑牛的产肉性能

项　　目	公牛 2 头(4～5 岁)	阉牛 4 头(2.5～7 岁)
屠宰前体重(千克)	437(410～464)	373.8(321～423.6)
屠宰后体重(千克)	420.5(393～448)	357.7(307.2～406.8)
胴体重(千克)	231.9(208.7～255)	187.4(173.7～200.8)
肉重(千克)	198.3(176.6～220)	154.2(143.2～165.2)
屠宰率(%)	53(50.9～55)	50.1(47.4～54.1)
净肉率(%)	45.4(43～47.4)	41.3(38.2～45.7)
胴体产肉率(%)	85.5(84.6～86.2)	82.3(80.6～84.4)
骨肉比	1:5.9(1:5.6～1:6.8)	1:4.6(1:4.1～1:5.4)
熟肉率(%)	57.5(53.3～61.7)	54.1(52.8～56.5)

2. 体尺与体重　冀南牛的体尺与体重见表 1-16。

表 1-16　冀南牛的体尺与体重

性　　别	体高(厘米)	体长(厘米)	胸围(厘米)	管围(厘米)	体重(千克)
公　牛	127.7	137.2	171.7	18.4	374.0
母　牛	115.2	127.0	156.6	16.2	288.0

3. 产肉性能　改良冀南牛的父本品种牛主要是西门塔尔牛。杂交牛在低水平饲养条件下,20 月龄体重达 320 千克,屠宰率 53.4%,净肉率 41.1%。

(八)郏县红牛　郏县红牛主产区在河南省的郏县。

1. 体型外貌　头清秀,较宽,长短适中,嘴较大。角偏短,向前上方和两侧平伸角较多,角色以红色和蜡黄色较多,角尖以红色者为多。鼻镜呈粉色。被毛红色、浅红色或紫色,毛色比例为:红色 48.5%,浅红色 24.3%,紫色 27.2%。皮厚薄适中而有弹性。体躯结构匀称、较长呈筒状,骨骼坚实,体质健壮,具有兼用牛体型,垂皮较发达,尻较斜。臀部发育较好,较方圆,较宽,较平,较丰满。四肢粗壮,直立。牛蹄圆,结实,大小适中。

2．体尺与体重　郏县红牛的体尺与体重见表 1-17。

表 1-17　郏县红牛的体尺与体重

性　别	体高(厘米)	体斜长(厘米)	胸围(厘米)	管围(厘米)	体重(千克)
公　牛	126.1	138.1	173.7	18.1	425.0
母　牛	121.2	132.8	161.5	16.8	364.6

3．产肉性能　据对 6 头未经肥育的郏县红牛屠宰测定,屠宰率为 51.4%,净肉率为 40.8%,眼肌面积 69 平方厘米,骨肉比为 1:5.1。

(九)蒙古牛　蒙古牛的主产区在内蒙古自治区的东部、中部地区。

1．体型外貌　牛头短宽而粗重。角长,向上向前方弯曲,角质致密有光泽,呈蜡黄色或青紫色。公牛角长 40 厘米,母牛角长 25 厘米。鼻镜的颜色随毛色。毛色较复杂,有黑色、黄色、红色、狸色、烟熏色。皮厚结实有弹性。胸扁而深,背腰平直,前躯发育好于后躯。后躯短而窄,尻部倾斜严重。四肢较短,但强壮有力。牛蹄壳的颜色随毛色。

2．体尺与体重　蒙古牛的体尺与体重见表 1-18。

3．产肉性能　据测定中等营养时,平均屠宰前活重

376.9 ± 43.7 千克,屠宰率 53% ± 2.8%,净肉率 44.6% ± 2.9%,骨肉比 1:5.2 ± 0.5。

表 1-18　蒙古牛的体尺与体重

性　别	体高(厘米)	体斜长(厘米)	胸围(厘米)	管围(厘米)	体重(千克)
公　牛	120.9	137.7	169.5	17.8	415.4
母　牛	110.8	127.6	154.3	15.4	370.0

(十) 三河牛　三河牛的主产区在内蒙古自治区呼伦贝尔市的三河(根河、得勒布尔河、哈布尔河)地区及滨洲、滨绥两铁路沿线。

1.体型外貌　牛头白色或额部有白斑。角向上向前方弯曲者多,少量牛的角向上,角为蜡黄色的较多。鼻镜呈肉色者较多。被毛为红白花、黄白花,花片分明。体躯结构较匀称,较长,呈圆筒形,骨骼坚实,体质健壮,具有兼用牛体型。臀部发育较好,稍有斜尻。四肢较粗壮,直立有力。牛蹄大小适中,蹄壳颜色多为蜡黄色。

2.体尺与体重　三河牛的体尺与体重见表 1-19。

表 1-19　三河牛的体尺与体重

性　别	体高(厘米)	体斜长(厘米)	胸围(厘米)	管围(厘米)	体重(千克)
公　牛	156.8	205.5	240.1	22.9	1050.0
母　牛	131.8	167.7	192.5	18.1	547.9

3.产肉性能　据测定,三河牛中等营养时,肥育公牛的屠宰率可达 50% 以上。

(十一) 草原红牛　草原红牛的主产区在内蒙古自治区的赤峰市、锡林郭勒盟,吉林省的通榆县、镇赉县,河北省的张家口、张北等地。

1. 体型外貌　草原红牛头大小适中,额较宽,颈肩结合良好。角伸向前外方,呈倒"八"字形,稍向内弯曲。鼻镜紫红色者较多。全身被毛紫红色或红色。体躯结构匀称,背腰平直,较长,呈圆筒形,具有肉用牛的体型,骨骼坚实,体质健壮。臀部较大较宽较丰满,稍有斜尻。四肢粗壮,直立。牛蹄大小适中,蹄壳颜色多为紫红色。

2. 体尺与体重　草原红牛的体尺与体重见表1-20。

表 1-20　草原红牛的体尺与体重

性　别	体高(厘米)	体长(厘米)	胸围(厘米)	管围(厘米)	体重(千克)
公　牛	137.7	177.5	213.3	21.6	760.0
母　牛	124.3	147.4	181.0	17.6	453.0

3. 产肉性能　据测定,草原红牛的产肉性能见表1-21。

表 1-21　草原红牛的产肉性能

月龄	肥育方式	宰前体重(千克)	胴体重(千克)	屠宰率(%)	净肉重(千克)	净肉率(%)
9	肥育饲养	218.6	114.5	52.5	92.8	42.6
18	放　牧	320.6	163.0	50.8	131.3	41.0
18	短期肥育	378.5	220.6	58.2	187.2	49.5
30	放　牧	372.4	192.1	51.6	156.6	42.0
42	放　牧	457.2	240.4	52.6	211.1	46.2

（十二）新疆褐牛　新疆褐牛的主产区在天山北麓的西端伊犁地区和准噶尔界山塔城地区。

1. 体型外貌　牛头方大,嘴大小中等,肩颈结合较好。角尖稍直,呈深褐色,向侧前上方弯曲呈半椭圆形,大小适中。鼻镜为褐色。全身被毛为褐色,但深浅不一,顶部、角基部、口轮的周围和背线均为灰色或黄白色,眼睑为褐色。背腰平直,腹部稍大但不下垂,躯体稍短,胸较深较宽。臀部发育较好,较丰满,稍稍有点斜尻。四肢粗壮,直立。蹄壳为褐色。

2．体尺与体重　新疆褐牛的体尺与体重见表1-22。

表 1-22　新疆褐牛的体尺与体重

性　　别	体高(厘米)	体斜长(厘米)	胸围(厘米)	管围(厘米)	体重(千克)
公　牛	144.8	202.3	229.5	21.9	950.8
母　牛	121.8	150.9	176.5	18.6	430.7

3．产肉性能　在放牧条件下测定的新疆褐牛的产肉性能见表1-23。笔者于1995年、1996年在塔城市屠宰肥育牛500余头,屠宰前体重445千克,屠宰率55%,净肉率47%。

表 1-23　新疆褐牛的产肉性能

性别	年龄(月)	头数	宰前体重(千克)	胴体重(千克)	屠宰率(%)	净肉重(千克)	净肉率(%)	骨重(千克)	骨肉比	眼肌面积(平方厘米)
阉牛	24	13	235.4	111.5	47.4	85.3	36.3	24.6	1∶3.5	47.1
公牛	30	16	323.5	163.4	50.5	124.3	38.4	35.7	1∶3.5	73.4
公牛	成年	10	433.2	230.0	53.1	170.4	39.3	51.3	1∶3.3	76.6
母牛	成年	10	456.9	238.0	52.1	180.2	39.4	52.4	1∶3.4	89.7

（十三）巫陵牛　巫陵牛的主产区在湘、鄂、黔三省交界地区,湘西的凤凰、桑植和慈利等县,黔东北的思南、石阡等县,鄂西的恩施地区。

1．体型外貌　巫陵牛头型差别较大,大小和体重的比例较合适。角形不一,角色有黑色、灰黑色、乳白色、乳黄色。鼻镜的颜色有黑色、肉色、灰黑色。全身被毛黄色占60%～70%,栗色、黑色次之,体躯上部色深,腹部及四肢内侧较淡。

四肢中等长,强健有力,后肢飞节内靠。牛蹄颜色以黑色居多,蹄质坚实。

2.体尺与体重 巫陵牛的体尺与体重见表1-24。

表 1-24 巫陵牛的体尺与体重

性　别	体高(厘米)	体斜长(厘米)	胸围(厘米)	管围(厘米)	体重(千克)
公　牛	117.1	131.8	162.8	16.9	334.3
母　牛	106.1	119.8	146.8	14.7	240.2

3.产肉性能 未经肥育饲养膘情中等的公牛4头、母牛4头、阉公牛4头屠宰测定,屠宰率49.5%,净肉率39.8%,骨肉比1:4.2。

(十四)复州牛 主产区在辽宁省瓦房店市(古称复州)。

1.体型外貌 复州牛牛头短粗,头颈结合良好,嘴大而呈方形。公牛角粗而短,向前上方弯曲;母牛角较细,多呈龙门角。鼻镜为肉色。全身被毛为浅黄色或浅红色,四肢内侧毛色较淡。皮厚结实而有弹性。体质健壮,结构匀称,骨骼粗壮,背腰平直,体躯呈长方形或圆筒形,胸较宽较深。臀部发育较好,尻部稍倾斜。四肢粗壮,直立结实。蹄质坚实,蹄壳呈蜡黄色。

2.体尺与体重 复州牛的体尺与体重见表1-25。

表 1-25 复州牛的体尺与体重

性　别	体高(厘米)	体斜长(厘米)	胸围(厘米)	管围(厘米)	体重(千克)
公　牛	147.8	184.8	221.0	22.8	764.0
母　牛	128.5	147.8	179.2	17.3	415.0

3.产肉性能 笔者于1994年春季购买6~8月龄复州公牛犊10头,饲养15个月,体重达到585.8千克时屠宰,胴

体重 363 千克,屠宰率 62.05%,净肉重 302 千克,净肉率51.62%。

二、杂 交 牛

以鲁西牛、晋南牛、秦川牛、冀南牛、南阳牛、郏县红牛、渤海黑牛、草原红牛、蒙古牛、三河牛和新疆褐牛等品种牛为母本,以西门塔尔牛、利木赞牛、夏洛来牛、盖洛威牛、皮埃蒙特牛和安格斯牛等品种牛为父本的杂交牛。

第二节 肥育牛年龄的选择

饲养肥育牛的经济效益与牛的年龄也有密切的关系。首先,牛的增重速度随牛年龄而变化,出生到 18 ~ 24 月龄是牛的生长高峰期;其次,肉牛体内脂肪沉积的高峰期为 14 ~ 24 月龄;第三,牛的年龄影响牛肉的品质,低品质的牛肉不会卖到较高的价格。因此,把肥育牛的年龄确定为 12 ~ 36 月龄。大于 36 月龄的牛,生产高档牛肉的比例极低。如果生产高档(价)牛肉的肥育牛,纯种牛要小于 36 月龄,杂交牛要小于 30 月龄。

第三节 肥育牛性别的选择

到目前为止,我国肥育牛性别上的差异在于公牛的去势(亦称阉割、劓或骟)与不去势,用母牛进行肥育的为极少数。其原因:一是母牛是再生产的基础资料;二是母牛在肥育过程中会周期性发情。因此,增重速度较慢。

一、公牛不去势肥育饲养的优点

第一,公牛不去势时睾丸产生雄性激素,能促进公牛生长,因此,生长速度比去势公牛快。

第二,公牛不去势肥育饲养时,瘦肉(红肉)产量高,脂肪含量少。

第三,公牛不去势肥育饲养时,饲料转化率较高。

第四,供给香港活牛要求公牛不去势。

第五,公牛不去势肥育饲养时,里脊(牛柳)、外脊(西冷)肉块重量大。

二、公牛不去势肥育饲养的缺点

第一,公牛不去势,性情暴躁,好格斗,不易管理,有时还会伤人。

第二,公牛不去势肥育饲养,牛肉的品位达不到最高档次。

三、阉公牛和公牛肥育饲养屠宰成绩比较

(一) 阉公牛肥育饲养和公牛肥育饲养在大理石花纹等级的比较　公牛去势肥育饲养和公牛不去势肥育饲养,肌肉呈现大理石花纹的能力(即肥育期体内脂肪沉积的能力)差别极大。用6级制标准比较,阉公牛1级、2级占84%~88%,无5级和6级。公牛无1级,2级占10%左右,而4级、5级占的比例大(表1-26)。

(二) 阉公牛、公牛屠宰率、净肉率比较　笔者选用年龄、体重相近的阉公牛和公牛处在相类似的饲养管理条件下肥育饲养,并屠宰测定它们的屠宰率、净肉率与胴体体表脂肪覆盖

率。阉公牛、公牛屠宰率、净肉率与胴体体表脂肪覆盖率比较见表1-27。

表1-27表明阉公牛的屠宰率比公牛的屠宰率高,阉公牛的净肉率、胴体体表脂肪覆盖率均好于公牛。

表 1-26　阉公牛与公牛牛肉大理石花纹等级比较

牛　别	统计头数	1级(%)	2级(%)	3级(%)	4级(%)	5级(%)	6级(%)
阉公牛	25	44	44	8	4	—	—
阉公牛	25	64	20	16		—	—
阉公牛	15	53.33	33.33	13.33		—	—
阉公牛(晚)	10	10	20	70			
公　牛	10	—	—		90	10	
公　牛	11	—	9.09	27.27	54.55	9.09	—
公　牛	15	—	13.33	53.33	13.33	20	—

表 1-27　阉公牛与公牛屠宰率、净肉率比较

牛　别	统计数(头)	屠宰率(%)	净肉率(%)	胴体体表脂肪覆盖率(%)
晋南阉公牛	28	63.38 ± 1.57	54.06 ± 2.06	85.28 ± 2.33
晋南阉公牛	25	63.44 ± 2.07	54.20 ± 1.84	85.99 ± 1.39
秦川阉公牛	29	63.02 ± 2.17	52.95 ± 2.56	84.09 ± 4.43
秦川阉公牛	25	64.22 ± 2.21	54.54 ± 1.71	85.21 ± 1.24
鲁西阉公牛	25	63.06 ± 2.04	53.50 ± 2.57	84.69 ± 3.38
南阳阉公牛	26	63.74 ± 1.52	54.24 ± 1.96	85.11 ± 2.24
科尔沁阉公牛	15	62.44 ± 1.98	52.89 ± 2.08	84.73 ± 1.56
利鲁杂交阉公牛	47	61.17 ± 2.45	49.73 ± 3.14	81.45 ± 4.47
延边阉公牛(晚阉)	10	61.29 ± 1.25	51.10 ± 1.60	83.37 ± 1.25
复州公牛	10	62.05 ± 1.58	51.62 ± 1.29	83.31 ± 0.99
渤海黑公牛	12	63.59 ± 1.75	53.37 ± 1.89	83.94 ± 0.94
科尔沁公牛	15	61.73 ± 1.49	51.94 ± 1.61	84.19 ± 1.56

（三）阉公牛与公牛脂肪量比较　在同一测定中阉公牛体内脂肪沉积量远远大于公牛（表1-28）。

表1-28表明,阉公牛肉间脂肪量(32~46千克)、肾脂肪量(17~18千克)及心包脂肪量(2~3千克)都远远大于公牛,说明阉公牛在肥育饲养过程中沉积脂肪的能力强,也说明以大理石花纹、背部脂肪为特色的高档(价)牛肉只有阉公牛才能长成。另一方面,去势时间较晚(18月龄)的延边阉公牛沉积脂肪的能力比适时去势(6~8月龄)阉公牛差,但又比未去势的公牛强。

表 1-28　阉公牛与公牛脂肪量比较

牛　别	统计数(头)	肉间脂肪(千克)	肾脂肪(千克)	心包脂肪(千克)
晋南阉公牛	28	41.13	18.54 ± 4.21	3.06 ± 0.91
秦川阉公牛	29	45.88	17.70 ± 4.82	3.07 ± 1.00
鲁西阉公牛	25	42.36	13.57 ± 5.12	1.52 ± 0.63
南阳阉公牛	26	36.12	14.33 ± 4.10	1.58 ± 0.54
科尔沁阉公牛	15	32.20	17.45 ± 5.22	2.51 ± 0.69
延边阉公牛(晚阉)	10	26.59	16.56 ± 3.54	2.58 ± 0.74
复州公牛	10	18.16	8.52 ± 3.30	1.19 ± 0.43
渤海黑公牛	12	20.35	11.59 ± 3.81	1.62 ± 0.42
科尔沁公牛	15	17.98	14.42 ± 5.13	1.97 ± 0.66

（四）牛肉嫩度　笔者在多次研究中测定阉公牛和公牛牛肉的嫩度(剪切值)。用沃布氏肌肉剪切仪测定,剪切值用千克表示,数值小的为嫩度好。阉公牛比公牛牛肉的嫩度好得多(表1-29)。

表 1-29　阉公牛、公牛牛肉的嫩度统计

项 目	晋南阉公 牛	秦川阉公 牛	延边阉公 牛(晚阉)	科尔沁 阉公牛	复 州 公 牛	渤海黑 公 牛	科尔沁 公 牛
测定次数	250	250	100	150	100	110	150
剪切值(千克)	3.001	3.098	3.639	3.513	4.004	4.416	4.458

第四节　肥育牛体重的选择

肥育牛体重以 150～400 千克为好。原因是：①生产高档牛肉时，较小体重开始肥育容易获得；②两地的牛价差额大时，选择大体重架子牛能获得较大的利润；③饲养技术水平一般化的养牛户，饲养大体重的架子牛较好；④资金短缺的养牛户饲养大体重架子牛较好；⑤饲养大体重的架子牛，资金周转快，但利润较小；⑥以中档牛肉为生产目标时可饲养大体重架子牛。

肥育牛屠宰前活重要在 500 千克以上。牛肉肉块重量和肥育牛屠宰前活重成正比例关系，即屠宰前活重越重，肉块重量也越重（表 1-30）

表 1-30　肥育牛屠宰前活重和肉块重量关系（单位：千克）

肉块名称	晋南牛	秦川牛	鲁西牛	南阳牛	延边牛	西鲁牛	渤海黑牛
	561.9	577.7	528.3	508.7	535.0	538.4	501.3
牛里脊（牛柳）	4.72	5.03	4.28	4.22	4.71	4.68	4.66
牛外脊（西冷）	11.91	11.84	11.31	10.38	11.24	11.25	10.13
眼肉	13.77	13.63	12.78	11.90	12.84	12.38	12.38
臀肉（针扒）	14.61	15.66	15.35	16.48	14.28	14.38	15.19

肉块名称	晋南牛	秦川牛	鲁西牛	南阳牛	延边牛	西鲁牛	渤海黑牛
	561.9	577.7	528.3	508.7	535.0	538.4	501.3
大米龙（烩扒）	11.74	12.71	13.15	12.97	11.34	11.63	12.38
小米龙（烩扒）	3.82	3.99	4.02	3.92	3.85	3.88	4.31
膝圆（霖肉，和尚头）	10.90	11.72	10.14	10.07	10.27	10.98	10.68
腰肉（尾龙扒）	8.54	9.19	8.56	8.50	8.56	8.83	8.72
腱子肉（牛展）	15.12	15.77	15.21	15.36	14.28	14.81	14.99
优质肉块	77.2	81.9	80.3	78.6	78.6	78.5	78.0
总产肉量	303.22	309.51	287.79	275.44	273.69	270.63	285.25

肉块重量不同，定级和售价也不同。牛柳等肉块的定级重量见表 1-31。

表 1-31　肉块重量和定级　（单位：千克）

肉块名称	特　级	一　级	二　级	三　级
牛里脊(牛柳)	>2.2	>1.8	>1.6	<1.6
牛外脊(西冷)	>6.0	>5.0	>4.5	<4.5
眼　肉	>7.5	≥6.5	>5.5	<5.5

第五节　肥育牛体型外貌的选择

一、肉牛的体型外貌

肉牛的体型外貌见图 1-1;肉牛体尺测量部位见图 1-2。

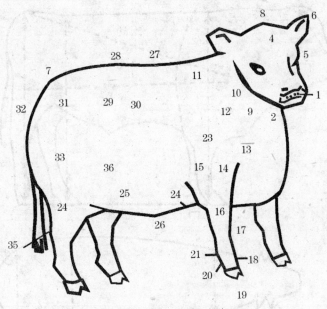

图 1-1　牛体外形部位名称

1. 鼻镜　2. 鼻孔　3. 脸　4. 额　5. 眼　6. 耳　7. 尾根
8. 额顶　9. 下颌　10. 颈　11. 鬐甲　12. 肩　13. 肩端　14. 臂
15. 肘　16. 腕　17. 管　18. 球节　19. 蹄　20. 系　21. 悬蹄
22. 前胸　23. 胸　24. 前胁　25. 后胁　26. 腹　27. 背　28. 腰
29. 腰角　30. 月兼　31. 臀(尻)　32. 臀端(尻尖)　33. 大腿
34. 小腿　35. 飞节　36. 膝

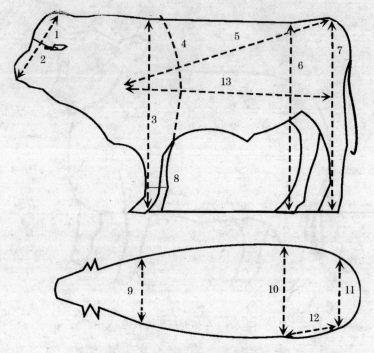

图 1-2 肉牛体尺测量部位

1.头长 2.额宽 3.体高 4.胸围 5.体斜长 6.十字部高
7.尻尖高 8.管围 9.胸宽 10.腰角宽 11.臀端宽
12.尻长 13.体直长

　　观察牛时,要从牛的前面、侧面、后面的不同位置观察区
分不同质量的牛(表 1-32,表 1-33,表 1-34)。

表 1-32　从牛的前面看体型外貌

优秀质量牛	一般质量牛	低质量牛
头短而方大	头大小适中	头小而狭长
嘴大如升	嘴大小尚可	嘴　小
鼻镜潮湿有汗珠	鼻镜潮湿有汗珠	鼻镜潮湿有汗珠
眼大有神	眼大有神	眼稍大
颈部短粗	颈部较短粗	颈部较细长

表 1-33　从牛的侧面看体型外貌

优秀质量牛	一般质量牛	低质量牛
长方形或圆筒形	长方形或圆筒形	狭长,狭窄
四肢粗壮	四肢粗壮	四肢粗壮
蹄直立	蹄直立	蹄卧立
牛蹄较大	牛蹄大	牛蹄较小
背平坦呈直线	背平坦呈直线	弓背或凹腰
腹部不下垂	腹部稍下垂	腹部下垂
胸部宽而深	胸部较宽较深	胸部较狭窄
牛毛光顺	牛毛较光顺	牛毛粗糙
十字部高	十字部较高	十字部不高

表 1-34　从牛的后面看体型外貌

优秀质量牛	一般质量牛	低质量牛
臀部圆而饱满	臀部圆欠饱满	臀部尖而瘦
肌肉发育好	肌肉发育尚好	肌肉发育较差
腹部稍微凸起	腹部稍凸起	腹部凸起
两后肢间张开	两后肢间较张开	两后肢间较狭窄
腰角圆而丰满	腰角较丰满	腰角突出
尾巴长而垂直	尾巴长而垂直	尾巴长而垂直
尾根肥粗	尾根较粗	尾根细
尾根两侧隆起	尾根两侧稍隆起	尾根两侧无隆起
两臀端间平坦	两臀端间稍平坦	两臀端间有沟
蹄直立	蹄直立	蹄卧立

选购生长肥育牛(架子牛)时,应从牛的前面、侧面、后面的不同位置进行观察,综合考察后决定是否购买。

二、肥育牛体型外貌性状与肥育期增重的相关关系

肥育牛体型外貌性状与肥育期增重之间存在一定的相关关系。笔者在生产实践和科学研究中测得了架子牛体型外貌性状与肥育期增重的相关关系,现简述于下,供参考。

(一) 牛头的长度　牛头的长度与牛在饲养期间的增重,存在中等相关关系(相关系数为 0.3756)。

牛头的长度与眼肉、腰肉的重量之间存在中等相关关系(相关系数值分别为 0.391 和 0.3126)。

(二) 牛头宽度　牛头宽度和牛在肥育期间的增重之间存在中等相关关系(相关系数为 0.4027)。在选购架子牛时,要选择头宽一些的牛,在肥育期会有较高的增重。

(三) 牛头额宽　牛头额宽和牛在肥育期间的增重之间存在中等相关关系(相关系数为 0.4497)。

牛头额宽和牛的眼肉、牛外脊肉重量之间存在中等相关关系(相关系数分别为 0.3819 和 0.3433)。因此,在选购架子牛时,要选择额部宽一些的牛,在肥育期会有较高的增重。

(四) 牛胸围　牛胸围和里脊肉、外脊肉、眼肉、臀肉、大米龙、膝圆及腰肉重量之间存在中等相关关系,与肥育期增重之间存在中等相关关系(相关系数为 0.5934)。在选购架子牛时,要选择胸围大一些的牛,在肥育期会有较高的增重。

(五) 牛胸深　牛胸深和里脊肉、外脊肉、眼肉、臀肉、大米龙、小米龙、膝圆及腰肉重量之间存在中等相关关系。牛胸深(厘米)性状与肥育牛在肥育期的增重量(千克)性状之间存在强相关关系(相关系数为 0.6627)。因此,在选购架子牛

时,要选择胸深大一些的牛,在肥育期会有较高的增重。

（六）臀部宽度　臀部宽度和里脊肉、外脊肉、眼肉、臀肉、大米龙、小米龙、膝圆及腰肉重量之间存在中等相关关系。臀部宽度和牛在肥育期的增重量之间存在中等相关关系（相关系数为0.5822）。

（七）牛前管围　牛前管围和里脊肉、眼肉、臀肉、大米龙、小米龙、膝圆及腰肉重量之间存在中等相关关系。牛前管围和牛肥育期的增重量之间存在中强等相关关系（相关系数为0.6642）。因此,在选购架子牛时,要选择前管围粗一些的牛,在肥育期会有较高的增重。

三、肥育牛体尺和体重

根据肥育牛体尺估算肥育牛的重量有3种计算方法。

方法（一）　体重（千克）＝胸围（米）×胸围（米）×体斜长（米），乘积再乘以系数（87.5）。

方法（二）　体重（千克）＝胸围（厘米）×胸围（厘米）×体斜长（厘米），乘积除以系数［系数1为10 800（已经肥育的牛）；系数2为11 420（未肥育的牛）］。

方法（三）　体重（千克）＝胸围（厘米）×胸围（厘米）×体斜长（厘米），乘积除以系数［系数1为12 500（6月龄的牛）；系数2为12 000（18月龄的牛）］。

胸围和体重的关系便查表见表1-35。

在使用胸围和体重的关系便查表时,要注意牛的年龄、体膘、采食量和季节。

表 1-35　胸围和体重的关系便查表

胸围(厘米)	体重(千克)	胸围(厘米)	体重(千克)	胸围(厘米)	体重(千克)	胸围(厘米)	体重(千克)	胸围(厘米)	体重(千克)
66	36	90	68	114	133	138	222	162	342
68	38	92	72	116	139	140	231	164	355
70	39	94	76	118	145	142	239	166	367
72	41	96	79	120	151	144	248	168	380
74	43	98	84	122	161	146	257	170	396
76	46	100	89	124	170	148	266	172	412
78	49	102	94	126	176	150	275	174	424
80	52	104	99	128	181	152	289	176	436
82	55	106	105	130	187	154	300	178	448
84	58	108	111	132	197	156	310	180	462
86	61	110	117	134	205	158	321	182	476
88	64	112	125	136	214	160	332	184	490

四、肥育牛的净肉重计算参数

肥育牛 100 千克体重能出净肉重量：

体膘较差的，33～34 千克（33%～35%）；体膘一般的，36～38 千克（36%～39%）；体膘较好的，40～42 千克以上（40%～42%）；体膘特好的，47～50 千克以上（47%～50%）。

第六节　肥育牛体质的选择

肥育牛要体质健壮、精神饱满。肥育牛反应敏捷，头高高抬起，密切注视周围的任何动静，耳朵不停地摆动。眼睛有神,当有人接近牛时,体质健壮者两眼炯炯有神,全神专注。耳朵竖立分辨声响或耳朵呈水平方向前后摆动。尾巴左右摇摆自如。四肢粗壮、端正、直立。被毛光顺。背腰平直。腹部较大而不下垂,较紧凑。身体各部位结构匀称。

要牵牛走一走,转一转。手摸牛的皮肤松紧程度。从外表观察,营养较好。粪尿颜色正常,反刍正常。一个食团的反刍次数在 50 次以上者为体质健壮、精神饱满的标志之一。一个食团的反刍次数在 30 次以下的牛,体质多数较差。

第七节　肥育牛体膘的选择

一、肥育牛体膘的原则要求

从肥育牛的品种、性别、年龄、体型外貌、体质等方面挑选肥育牛都已满意,最后还要考察牛的膘情(体膘)。采购时遇到以下 4 种膘情的牛,最好不买。

第一,短粗肥胖型。早期肥胖造成体积小、体重大的牛,发展前途差,在进一步肥育时增重慢,饲料报酬低。

第二,长高消瘦型。年龄符合要求而早期生长受阻,造成体积大、体重小的牛。要了解牛的生长受阻的时间,生长受阻的时间在 6 个月以下的可以购买,超过 6 个月的不应购买。

第三,超年龄标准(标准由肥育场自定)体瘦体弱的牛,最好不买。

第四,由于疾病造成牛的体膘消瘦而疾病尚未痊愈,这样的牛不购买为好。

二、牛体膘四季的差别

不同季节牛膘情有较大的差别。一般来说春季的牛体膘差一些,秋季的牛体膘好一些。民间流传"春买骨头秋买肉"是有道理的。平时购买架子牛时牛有五六成膘即可。

第二章 架子牛的采购

肉牛异地肥育技术已在国内外肉牛繁殖、肥育中发挥了十分重要的作用,并将继续在我国肉牛肥育产业化进程中进一步显示它的功能效力。应用好肉牛异地肥育技术,必将给养牛者带来更大的效益。

实施肉牛异地肥育技术离不开架子牛的采购。因此,了解和掌握并充分利用架子牛的买卖规律,对缩短饲养期、降低养牛成本、提高肉牛饲养质量、获得高价(优质)肉牛及减少病残牛,具有十分现实的经济意义。

第一节 架子牛采购前的准备工作

架子牛采购前的准备工作包括架子牛产地或集散地(交易地)的调查、架子牛运输车辆条件的调查、架子牛收购方法的调查和架子牛存放地的调查。

一、架子牛产地或集散地的调查

(一) **架子牛的品种结构** 架子牛产地或集散地的架子牛的品种构成。

(二) **架子牛的数量结构** 纯种牛、杂交牛的数量与比例。

(三) **架子牛的年龄结构及性别结构** 架子牛产地或集散地对小公牛有无去势的习惯、去势的月份、去势牛的年龄。牛群中公牛、去势牛、母牛、牛犊和架子牛的比例。

（四）**架子牛的价格**　一年中的平均价格、一年中价格最高的月份、一年中价格最低的月份,架子牛作价的基础是活牛估价、估活重计价、估净肉重计价、估胴体重计价。

（五）**架子牛产地疫情**　近几年来有无疫情,疫病名称,流行季节。

（六）**架子牛产地或集散地贩牛人数量**　贩牛人贩运牛的数量、品种、类型、年龄等。

（七）**架子牛产地牛交易会日期**　一年中交易量的高峰期在几月份,交易高峰期日交易量多少头;一年中交易量的低峰期在几月份,交易低峰期日交易量,年交易量。

（八）**架子牛产地收购伙伴的基本情况**　规模、经济实力、能力、经营水平和商业道德情况。收购伙伴收购牛的类型、数量、年龄、性别与体重,收购后处理方式(饲养、屠宰、倒买倒卖)、收购规律性。

（九）**架子牛膘情**　产地架子牛的膘情。

（十）**收购费用和标准**　各地收费类别不完全相同。主要有工商费、经纪人费用、防疫费、车辆消毒费、更换牛头绳费、场地费等等。

（十一）**架子牛的交易方法**　袖管交易(在袖管内要价还价,互相摸手指定价,在价格未定准前牛价是不公开的)还是明要价明还价,还是事前定价按体重交易。

另外,对架子牛产地的安全性(社会风气、社会治安、社会安定)和架子牛产地经纪人的可靠性,也要做详细调查。

二、架子牛运输车条件的调查

第一,运输车辆基本情况。包括车长(米)、车宽(米)、车高(米)、车自重(吨)和载重量(吨)。

第二,车况是否完好。

第三,车上设备是否完好无损。

第四,车厢内有无隔断。

第五,车厢地板是否防滑。

第六,车厢结实程度。

第七,司机驾驶技术水平。

第八,收费标准。载重后计价、每吨千米收费价、过桥费及过路费由买方或卖方支付。

第九,运输合同。运输合同中要明文规定雇主责任和司机责任。

三、架子牛计价标准

架子牛的计价标准有以下 3 种: ① 以架子牛的体重为计价标准; ② 以架子牛的净肉重为计价标准; ③ 以 1 头牛为单位整牛计价。

第二节　架子牛收购程序

采用的运输工具不同,架子牛收购程序也不同。

一、采用汽车运输时架子牛收购程序

采用汽车运输时,架子牛收购程序如下:①品种、年龄检验;②体型、体质、体况检查;③双方协商定级定价标准;④采用称重计价时,双方检验地磅的准确性;⑤称重,记录(双方同时看秤,同时记录);⑥挂耳标;⑦开具县级检疫证、非疫区证、注射证、运输证、车辆消毒证;⑧双方核对体重、价格记录,结算、付款;⑨集中待运;⑩装车运输。

二、采用火车运输时架子牛收购程序

除了汽车运输的程序以外,应增加以下内容:①取血;②铁路认可单位的化验血液;③体重不合格的牛的处理办法(双方商定);④架子牛集中;⑤架子牛由集中地到火车站的运输(运输车辆的地板必须是木板,车辆的组织和租赁费用,运输安全、责任,运输时间,运输过程丢失责任和伤亡责任);⑥架子牛在火车站候车期的饲养及管理。

三、赶　运

收购的架子牛由集合地赶运到火车站,要聘用赶运人员。一般每100头牛有赶运人员2人。赶运人员报酬,可按每批牛为单元或每人每天计酬。聘用时要签订赶运合同。赶运合同要明确丢失责任,牛伤亡责任,赶运目的地详细地址,赶运到达时间,违约处理条款,赶运途中损害农作物赔偿责任,赶运人员赶运途中病、伤、死亡责任,架子牛在赶运途中的饲养及管理要求等项内容。

四、善后工作

第一,和银行结清账目,付清牛款,办理财务手续。

第二,请合作(或协作)单位办理架子牛出境手续:①兽医检疫证;②非疫区证明;③防疫注射证明;④车辆消毒证明;⑤工商费收费证明;⑥交易费收费证明;⑦黄牛技改费收费证明;⑧黄牛保种费收费证明;⑨其他证件。

第三章　肉牛的运输

国内外的生产实践经验证明,肉牛易地肥育,是肉牛肥育产业化进程中经济效益十分显著的实用技术,是充分发挥了母牛繁殖基地(户)与架子牛专业肥育场(户)优势的重要环节。肉牛业发达的一些国家,几乎所有的架子牛都来自犊牛繁殖基地,繁殖、肥育分工非常明确。实施肉牛易地肥育,就离不开架子牛由甲地向乙地的运输。架子牛运输过程的质量是影响肉牛在肥育期生长发育的十分重要的因素。因为在架子牛的运输过程中造成的外伤易医治,而运输过程中的应激反应以及造成的内伤不易被察觉,常常贻误治疗,造成直接经济损失。因此,要重视架子牛的运输工作。

肉牛的运输分为架子牛运输和肥牛运输。运输工具有汽车(拖拉机)运输和火车运输。

第一节　架子牛运输工具及准备

一、汽车(拖拉机)运输前的准备

由于我国肉牛产业处在刚刚起步阶段,专项用于牛的运输业尚未跟进,既无专用运牛车,也无运牛的配套设施,所以,用于架子牛运输的车辆都是兼用车或改装车,因此,运输过程中应特别谨慎。

第一,检查车厢车况,病车不能上路,带好备件、行车证件,检查车厢内有无异物、异味。

第二,检查车厢架结实程度,车厢内有无尖锐异物(铁丝、铁钉),车厢外有无超宽、超长与超高异物,车厢内有无防滑设施,车箱地板铺垫碎草或秸秆或干土。

第三,检查车厢内用来做隔栏的木棍、竹竿或钢管是否完好结实耐用。

第四,检查司机精神状态是否良好,不能带病驾车。

第五,待装牛在装车前的 16～24 小时应停止饲喂青贮饲料、青饲料或有轻泻性的饲料,饲料喂量不宜过量。

第六,待装牛在装车前的 4 小时应停止饮水。

第七,办妥防疫证、非疫区证明、疫苗注射证、车辆消毒证、车辆卫生合格证。

第八,牛耳戴上防疫标记。

第九,备好车辆所需的汽油或柴油。

二、火车运输前的准备工作

（一）**申报车皮计划** 要提前 1 周到火车站申报车皮计划。车皮车厢必须是木板底。

（二）**运输途中饲料的准备** 精饲料以小麦麸、玉米粉为主;粗饲料以玉米秸、麦秸(粉碎)为主。饲料量以运输距离而定,每头每日 5～6 千克。

（三）**饮水的准备** 装运牛以前应购置盛水用的塑料桶或水缸。装运牛完毕,把盛水的容器全部盛满。要备有小水桶,以便供牛饮用。

（四）**木棍或绳子的准备** 木棍或绳子用于隔离车厢。每个车厢分为 3 段,中间堆放饲草、饲料和水缸等,也为押运的人员留有休息处,两侧安置牛。另外,应备有铁锤、铁钉和铁丝以供途中之用。

（五）押运员的准备　①押运员必须身强力壮；②备足押运途中的食品、饮水；③押运人员必须随身带押运证件；④证明押运员身份的证件；⑤牛税收证件；⑥兽医卫生证件；⑦其他有关的证件；⑧押运员上车前必须接受车站货运员对运输途中注意事项的培训。

（六）车辆检查　在装运牛以前，必须仔细检查车厢内壁上有无尖锐铁钉、铁丝一类的物品，车辆地板是否完好，地板上有没有尖硬物品、块状物；车厢内有无异味，尤其是装载过有毒有害物品后有无残留。

（七）铺垫草　检查后无问题时，再铺垫草(干草、粉碎玉米秸、麦秸或稻草)或干土。

（八）开窗　打开车厢的小窗。不管冬、夏季，都应把车厢内的小窗全部打开通风。

第二节　装　车

一、汽车(拖拉机)装车

第一，利用装运牛专用设备时，有配套的装运牛通道与车后踏板紧相连，使牛顺着踏板进入车厢。

第二，每头牛备绳子1根，一端拴系于牛角，另一端拴系于车厢栏杆。刚上车时牛头和栏杆的距离为10厘米左右。

第三，牛头、尾相间拴系。

第四，利用国产车装运牛时，制备装车台。装车台宽2.4米，高1.5米，并和活动的装运牛通道相连，通道宽0.9～1米，上宽下狭。

第五，每头牛占用的车厢面积。车厢装运牛数多了或少了都不可行。装运牛数量多时,易造成伤残,甚至死亡;装运牛数量少时,增加运输成本。每头牛应有车厢的面积如表3-1。

表 3-1　车厢面积与装运牛数量参考表

牛体重 (千克)	车厢面积(平方米) (车厢长 9.8 米)	装牛数 (头)	车厢面积(平方米) (车厢长 12 米)	装牛数 (头)
300	23.5	23	28.8	29
350	23.5	22	28.8	26
400	23.5	20	28.8	24
450	23.5	17	28.8	21

第六,根据车厢长度车厢内分隔段。每一隔段的挡板(或挡棍)结实耐用,以圆形为好(表3-2)。

表 3-2　车厢长度与分隔段数参考表

车厢长度 (米)	分隔段数	总面积 (平方米)	每隔段面积 (平方米)
≤8	2	19.2	9.6
≤10	3	23.5	7.8
≤12	4	28.8	7.2

第七,装满一隔段后立即将隔离杆到位并紧固结实,再装第二隔段。

第八,装牛时切忌粗暴、鞭打。

第九,牛头绝对不能伸出车厢。

第十,装牛完毕,关好车后门,紧锁。

二、火车装车

利用装运牛通道装运牛,安全可靠。装运牛通道可以是固定的,也可以是活动的,用规格为φ100的铁管制成。

　　用引导法装车,即在通往车厢的路上和车厢内铺以牛爱吃的干草,这样牛一边吃草一边就走进车厢。装车过程中切忌粗暴、鞭打。要大、小、强、弱分开装车。装车完毕,及时关闭车门。押运人员上车前及在押运途中必须接受车站货运处工作人员对押运注意事项的指导,并了解有关规定和注意事项。每头牛占有车厢面积见表3-3。

表 3-3　架子牛体重与占有车厢面积参考表

架子牛体重(千克)	占有车厢面积(平方米)
180	0.70 ~ 0.75
230	0.85 ~ 0.90
270	1.00 ~ 1.10
320	1.10 ~ 1.20
360	1.20 ~ 1.30
410	1.30 ~ 1.40
500	1.40 ~ 1.50
550	1.50 ~ 1.60
600	1.60 ~ 1.70

第三节　架子牛运输途中的管理

一、汽车(拖拉机)运输

用汽车(拖拉机)运输,途中注意事项如下。

第一,启动要慢,停车要稳。

第二,中速行驶,不紧急刹车,不急拐弯。

第三,行驶 30 千米左右停车,检查牛只,同时将牛绳放长至 20～25 厘米。

第四,夏季防暑,实行夜间作业。行驶 200 千米(或行车 4～5 小时)时应给牛饮水。遇大雨天停运。

第五,冬季防寒,实行白天作业。大雪天要停运。

第六,防止牛倒下,被其他牛踩伤、压伤。遇有牛晕车倒下或其他原因倒下,条件许可,可以把牛扶起;不能扶起时,司机驾车要特别细心,不要急刹车。

第七,行车速度。一级路面,小于 80 千米/小时;二级路面,小于 60 千米/小时;三级路面(砂石路),小于 50 千米/小时;土路,小于 40 千米/小时。

第八,行车时间。1～2 月份,7～20 时;3～5 月份,6～20 时;6～8 月份,3～10 时,或 19 时至翌日 3 时;9～12 月份,6～20 时。

二、火车运输途中的管理

我国尚无专用运输牛的火车车厢。因此,押运员在行车途中要做到:接受车站货运处工作人员对押运注意事项的指导,并了解有关规定和注意事项;在押运中,行车时严禁吸烟,严禁使用明火;在行车途中,严禁手、头伸出车厢门外,以防挤压致残;押运途中精心看护好牛;经常与守车员联系,了解本车在何时何地停靠及停靠时间,以便喂牛饮水,以及解决自身饮食;防止丢车,一旦发生,要及时和当地车站联系,想方设法追赶牛车;押运到目的地,立即和接收牛的单位联系,尽快把牛卸下;如牛发生死亡,应和前一个停靠站联系,要妥善处理。

第四节 自备运牛汽车的运输管理

一、对司机的要求

司机需有熟练的驾驶技术,安全行驶,不开英雄车,不开斗气车;慢启动、慢停车;车辆运行中不踩急刹车,拐弯减速;不疲劳驾车,不驾驶有毛病的车,保持良好车况。

二、司机的责任

司机要全部承担牛上车后至目的地的安全责任:运输途中牛被踩死,负担50%;运输途中丢失牛,全额承担;发生意外伤亡,视情况处理。

三、行车距离定额

行车距离300~500千米,往返2天(24小时为1天);500~800千米,往返3天(24小时为1天)。

四、报酬计算

(一)基本工资 依据基本定额定级工资。

(二)奖惩办法 超额1头,奖励10元;未完成任务1头,处罚5元。全年度安全运输,全面完成运输任务年终奖励。

五、汽车耗油定额

25升/100千米。超额自负,节约有奖。

第五节 架子牛运输时的体重损失

架子牛运输前后体重的变化受运输距离、运输车辆设备、道路质量、司机驾车技术、牛上车前吃草吃料及饮水程度、气候条件、装载量等因素影响。笔者从 1979～2003 年对架子牛运输期间体重的变化进行了跟踪测定,现将记录整理于表 3-4,供参考。

表 3-4 架子牛运输掉重统计表

运输距离 (千米)	运输工具	运输前体重 (千克)	运输终体重 (千克)	损失体重		运行时间 (小时)	头数
				(千克)	(%)		
1007	汽车	187.5 ± 40.1	167.9 ± 36.5	19.6 ± 5.3	10.45	60	10
420	汽车	560.5 ± 30.2	512.4 ± 31.3	48.1 ± 3.5	8.58	16	42
35	汽车	591.3	585.6	5.9	1.0	0.5	47
980	汽车	335.6	285.4	50.2	14.96	36	15
1198	汽车	258.0	234.5	23.5	9.11	105	105
860	汽车	504.6 ± 64.2	455.7 ± 60.6	48.9 ± 12.4	9.69	12	15
860	汽车	410.2 ± 68.2	379.2 ± 58.5	31.0 ± 12.5	7.56	12	17
860	汽车	400.1 ± 72.2	376.0 ± 70.4	24.1 ± 8.3	6.01	12	17
860	汽车	418.3 ± 47.3	385.2 ± 46.9	33.1 ± 8.1	7.91	12	18
400	汽车	384.1 ± 45.7	362.6 ± 41.8	21.7 ± 8.4	5.65	8	17
400	汽车	418.3 ± 33.6	394.8 ± 29.5	23.5 ± 5.8	5.62	8	17
400	汽车	437.8 ± 56.0	415.8 ± 54.0	22.0 ± 5.3	5.03	8	18
400	汽车	404.7 ± 32.3	386.1 ± 29.0	18.6 ± 8.4	4.60	8	19
800	汽车	385.7 ± 43.5	358.1 ± 38.4	27.7 ± 9.3	7.18	12	18
800	汽车	417.4 ± 41.7	372.2 ± 35.2	45.2 ± 12.2	10.83	12	9

运输距离 （千米）	运输 工具	运输前体重 （千克）	运输终体重 （千克）	损失体重		运行 时间 （小时）	头 数
				（千克）	（%）		
1000	汽车	498.5 ± 47.6	457.1 ± 41.0	47.3 ± 21.8	8.31	18	17
1000	汽车	468.2 ± 48.8	430.0 ± 50.3	38.2 ± 40.9	8.17	18	17
400	汽车	429.7 ± 26.6	390.6 ± 29.9	39.1 ± 8.3	9.10	9	10
400	汽车	372.5 ± 67.1	346.5 ± 59.9	26.0 ± 11.6	6.98	9	11
400	汽车	346.0 ± 24.0	329.0 ± 22.4	17.1 ± 6.8	4.94	9	12
400	汽车	406.0 ± 19.9	385.0 ± 17.2	21.4 ± 5.6	5.27	9	10
400	汽车	380.0 ± 33.9	355.0 ± 28.7	23.5 ± 12.5	6.18	9	10
400	汽车	379.0 ± 30.9	358.0 ± 29.3	21.2 ± 3.3	5.59	9	10
400	汽车	411.0 ± 18.5	381.0 ± 14.0	29.9 ± 7.5	7.27	9	10
300～400	汽车	496	463	33	7.18	7～8	37
300～400	汽车	468	434	34	7.78	7～8	85
300～400	汽车	398	377	21	5.64	7～8	64
300～400	汽车	423	389	34	8.84	7～8	33
300～400	汽车	351	325	26	7.96	7～8	1141
300～400	汽车	424	399	25	6.19	7～8	702
300～400	汽车	434	416	18	4.22	7～8	1405
300～400	汽车	392	377	15	3.85	7～8	789
300～400	汽车	475	455	20	4.33	7～8	110
300～400	汽车	402	387	15	3.89	7～8	899
986	火车	298.3 ± 57.2	245.2 ± 48.3	53.1 ± 14.2	17.8	115	27
986	火车	292.1 ± 50.5	249.4 ± 45.2	43.2 ± 13.8	14.78	115	35
986	火车	331.5 ± 60.2	287.3 ± 55.8	44.2 ± 19.8	13.34	116	41
986	火车	329.2 ± 54.1	281.4 ± 44.6	47.8 ± 21.0	14.58	118	41

运输距离 (千米)	运输 工具	运输前体重 (千克)	运输终体重 (千克)	损失体重		运行 时间 (小时)	头 数
				(千克)	(%)		
986	火车	320.3 ± 40.5	276.9 ± 42.9	43.4 ± 18.2	13.54	120	43
986	火车	324.1 ± 55.8	282.2 ± 50.8	41.9 ± 12.9	12.94	120	30
986	火车	349.8 ± 48.1	301.3 ± 42.4	48.6 ± 11.9	13.88	116	40
986	火车	346.6 ± 47.9	297.6 ± 43.5	49.0 ± 13.2	14.15	117	40
986	火车	325.6 ± 45.8	279.4 ± 44.1	46.2 ± 11.2	14.19	116	39
979	火车	370.9 ± 23.8	325.7 ± 19.9	45.2 ± 18.8	12.18	96	25
979	火车	379.9 ± 22.8	340.1 ± 20.0	39.8 ± 19.9	10.48	97	25
979	火车	380.7 ± 45.2	304.3 ± 44.4	76.4 ± 10.5	20.07	96	71

分析上表,汽车运输时架子牛在运输途中体重损失范围,绝对重 5.9 ~ 50.2 千克,相对重为 1% ~ 14.96%(大多数在 5% ~ 9%)。差异如此大,主要原因是架子牛装车前是否喂料饮水,喂料饮水量大的牛运输掉重就多。在计算架子牛的成本时要考虑运输掉重的损失。

用火车运输架子牛,每头牛体重损失一般为 40 ~ 50 千克,最高的达 76 千克。火车运输途中给牛喂料喂水,可以大大减少架子牛在运输途中体重的损失。表 3-4 中最后一行,运输途中没有喂料饮水条件时,牛体重损失量大,为 76 千克;表 3-4 中倒数第二栏,运输途中又喂料又饮水,体重的损失小一些。

随着公路建设的进步,公路运输有快捷、灵活的优点。以 1 000 千米之内为架子牛的运输距离,汽车运输有很强的优势。

第六节　架子牛的运输成本

一、自备车辆运输成本

（一）车辆费用　以车载重量8吨，车厢长9.8米，宽2.4米，车厢面积23.52平方米计算。

1. 燃油费　行驶单里程按800千米计算，运不同体重架子牛所用燃油费参见表3-5。

表 3-5　运不同体重架子牛所用燃油费统计

架子牛体重 （千克）	载牛数 （头）	燃油费 （元）	每头牛负担 （元）
220	29	200(升) × 3.2(元/升) = 640	22.07
270	23	200(升) × 3.2(元/升) = 640	27.83
320	22	200(升) × 3.2(元/升) = 640	29.09
370	20	200(升) × 3.2(元/升) = 640	32.00
420	17	200(升) × 3.2(元/升) = 640	37.65
450	15	200(升) × 3.2(元/升) = 640	42.67

2. 折旧费　假定购车费22万元，折旧年限为8年，每年摊折旧费2.75万元。每年运输架子牛160次，平均每车装牛20头，合计运送架子牛3 200头；27 500 ÷ 3 200 ≈ 8.59(元)，即每头牛负担折旧费8.59元。

3. 过桥过路费　过桥过路费每次100元计算，100 ÷ 20 = 5(元)，即每头牛负担费用5.00元。

4. 养路费(8吨位)　220 元/月 × 8 = 1 760 元/月，1 760元/月 × 12 月 = 21 120 元，21 120 元 ÷ 3 200 头 = 6.60 元/头，即每头牛负担费用6.60元。

5. 货物基金(8吨位)　40 元/月 × 8 = 320 元/月；320

元/月×12月＝3 840元;3 840元÷3 200头＝1.20元/头,即每头牛负担费用1.20元。

6.货运管理费(8吨位)　6元/月×8＝48元／月;48元/月×12月＝576元;576元÷3 200头＝0.18元/头,即每头牛负担费用0.18元。

7.车辆保险费(所有保险项目)　12 000元÷3 200头＝3.75元,即每头牛负担费用3.75元。

2~7项费用合计25.32元。

（二）人员费用

1.司机工资　司机月工资1 500元,年工资18 000元,每头牛负担费用5.63元(18 000/3 200)。

2.司机食宿费　以每次运输住宿1天计算,住宿费、餐费标准共130元。160次×130元＝20 800元,每头牛负担费用6.5元(20 800/3 200)。

3.意外伤害保险费　500元/年;每头牛负担费用0.16元(500/3 200)。

1~3项费用合计12.29元。

自备车辆运输每头架子牛的运输费用见表3-5。

表 3-5　自备车辆运输架子牛运输费用统计

架子牛体重 （千克）	载牛数 （头）	燃油费 （元）	车辆人员费用 （元）	每头牛负担 （元）
220	29	22.07	33.70	55.77
270	23	27.83	33.70	61.53
320	22	29.09	33.70	62.79
370	20	32.00	33.70	65.70
420	17	37.65	33.70	71.35
450	15	42.67	33.70	76.37

二、租用车辆运输

每吨千米计费 0.4 元,8 吨车辆行走 1 千米的费用为 0.4 元×8＝3.2 元,800 千米的费用为 2 560 元,每头架子牛运输费见表 3-6。

表 3-6 租用车辆运输架子牛费用统计

架子牛体重(千克)	载牛数(头)	每头牛运输费(元)
220	29	2560/29＝88.28
270	23	2560/23＝111.30
320	22	2560/22＝116.36
370	20	2560/20＝128.00
420	17	2560/17＝150.59
450	15	2560/15＝170.67

三、自备车辆运输和租用车辆运输的运输费用比较

从表 3-5 和表 3-6 的数据比较,在运输距离 800 千米范围内,自备车辆运输成本较低,并且牛越大,差别也越大。

第七节 架子牛卸车

架子牛经过较长时间运输到达目的地,要及时把牛卸下。

一、卸 牛

架子牛肥育场应设卸牛台和架子牛通道。卸牛台(装车台)宽 2.4 米,高 1.5 米(与车厢底板同高),并与牛通道相连。牛通道长 5～10 米,宽 0.9～1 米。一般用管材制成,可以移

动。卸牛时将牛逐一牵至卸牛台,进入牛通道。每头牛单独称重,记录牛耳号、体重、进场日期、品种、性别、毛色。

二、编组(分栏)

在围栏饲养时,要把架子牛分组饲养。分组方法有以下6种:①以体重为主,把体重相近的分在同一个围栏饲养;②以品种为主,把品种相同的分在同一个围栏饲养;③以性别为主,把性别相同的分在同一个围栏饲养;④以体质为主,把体质相近的分在同一个围栏饲养;⑤以毛色为主,把毛色相同的分在同一个围栏饲养;⑥以年龄为主,把年龄相近的分在同一个围栏饲养。可根据本场的具体情况,灵活掌握。

三、防止爬跨和格斗

在围栏肥育时,架子牛来自不同地区,互不相识的架子牛初次接触,会发生格斗或爬跨现象,容易造成伤残。采取下列措施可以杜绝或减轻。

第一,在围栏高 1.3～1.4 米处,用铁丝网封严,防止牛起跳爬跨。

第二,将牛的两前腿系部用绳子拴系。绳子长度 35～45 厘米。

第三,先让架子牛在较大的运动场地中互相熟悉一段时间,然后再并群。

第四,采用晚间并群。

第五,停水停食 4～6 小时,并群时食槽内添料,饮水槽内加满水。牛因忙于采食饮水而减缓格斗或爬跨。

第八节　肥牛的运输

经过一定时间的肥育,已达出栏标准的肉牛要运送到屠宰厂。目前运送肥牛的工具,主要是汽车与拖拉机。其装车方法、途中管理同架子牛,但每头牛占用车厢的面积应稍加大(表3-7),行进速度稍减慢一些。路面为一级路面,小于50千米/小时;二级路面,小于40千米/小时;三级路面(砂石路),小于30千米/小时;土路,小于20千米/小时。

表 3-7　车厢面积、装运牛数量参考表

牛体重(千克)	车厢面积(平方米)(车厢长9.8米)	装牛数(头)	车厢面积(平方米)(车厢长12米)	装牛数(头)
450	23.5	16	28.8	19
500	23.5	15	28.8	18
550	23.5	14	28.8	17
600	23.5	13	28.8	16
650	23.5	12	28.8	15

第四章　肥育牛饲料

用于肥育牛的饲料种类很多,但是各种饲料按其组成可分为水和干物质两大类,详细划分如下。

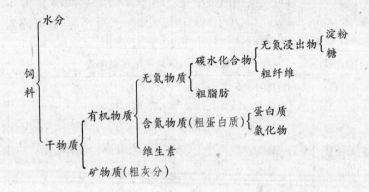

按饲料的营养成分含量及功能,常常把饲料分为能量饲料、蛋白质饲料、粗饲料、青饲料、青贮饲料、酒糟饲料、粉渣饲料、矿物质饲料、维生素饲料和添加剂饲料等多种。

第一节　能量饲料

能量饲料的特点:一是含淀粉等无氮浸出物多,占饲料含量(干物质为基础,下同)的70%~80%;二是含蛋白质较少,占饲料含量的9%~12%;三是含粗纤维少,占饲料含量的2%~8%;四是能量饲料矿物质含量中钙含量少、磷含量多;五是能量饲料维生素A、维生素D含量极少。常用于肥育牛的能量饲料有玉米、大麦和高粱。

一、玉　米

从提供能量角度比较各种饲料,玉米是肥育牛最好的能量饲料,它富含淀粉、糖类,是一种高能量、低蛋白质饲料。饲料玉米依其颜色可分为黄色和白色两种,两者的营养成分含量略有差别。黄色玉米含有较多的叶黄素,此叶黄素和牛体内脂肪有极强的亲和力,两者一旦结合,就很难分开,将白色脂肪染成黄色,降低了牛肉品质,因此不能长期大量饲喂黄玉米。

在肥育牛饲养中,如何更好、更有效地利用玉米,是过去、当前及今后肉牛生产研究工作的重点。我国到目前为止,对玉米的利用以粉状玉米喂牛为惟一形式。在国外试验研究了很多种利用玉米粒喂牛的形式:玉米粒粉碎、玉米粒压碎、玉米粒磨碎、玉米粒压成片、玉米粒湿磨、带轴玉米粉碎、带轴玉米切碎、全株玉米青贮、整粒玉米、高水分(含水量 26% ~ 30%)玉米粒贮存等,在不同条件(玉米粒价格、人员工资水平、肥育牛生产目的等等)下都取得了实效。

据报道,我国年产玉米 8 000 多万吨,60%以上用于畜禽饲料。这 8 000 多万吨玉米有很多品种,营养成分亦有较大的差别,据中国农业大学宋同明报道,农大高油玉米品种与其他玉米品种的成分含量见表 4-1。

从表 4-1 的资料可以看到,玉米的品种不同,所含营养成分的差别极大,尤其是油分的含量,差别高达 1 倍以上。用于养牛的玉米含有较多油分,能量就高,饲用价值就高,同等重量的不同玉米喂牛会有不同的饲养效果及不同的经济效益。因此,在采购玉米喂牛时要进行品种挑选。

表 4-1　高油玉米和普通玉米的成分

玉米品种	含油量(%)	蛋白质含量(%)	赖氨酸含量(%)
普通玉米(农大60)	3.83	9.13	0.26
高油1号	8.20	11.14	0.32
高油2号	8.62	11.50	0.31
高油4号	8.07	9.72	0.31
高油7号	7.95	9.54	0.31
高油8号	9.50	9.64	0.32

利用玉米的方法有以下几种。

（一）玉米粉　目前我国肉牛利用玉米籽实以粉碎为主，但是对玉米粉碎细度没有标准，普遍认为玉米粉碎越细，牛的消化率越高，这是一种误解。玉米磨碎的粗细度不仅影响肥育牛的采食量、日增重，也影响玉米本身的利用效率及肉牛饲养总成本。据布瑞瑟氏介绍，用辊磨机粉碎(细度为2毫米和0.3~1毫米两种)与锤片机粉碎(细度为0.5毫米和2毫米两种)同一种饲料喂牛，由于饲料粗细不同，饲喂肥育牛以后得到的效果有较大的差异(表4-2)。

表 4-2　不同粉碎细度精饲料喂牛效果

项　　目	辊　磨　机		锤　片　机	
粗细度	粗粉碎	细粉碎	粗粉碎	细粉碎
采食量(%)	100	90	100	85
增重(%)	100	100	100	90
饲料转化效率(%)	100	90	100	85

从表中不难看出，玉米用辊磨机粉碎，粗粉碎时牛的采食量和饲料转化率要比细粉碎时提高10个百分点；玉米粒用锤片机粉碎，粗粉碎时牛的采食量和饲料转化效率要比细粉碎时提高10~15个百分点。细粉碎后饲料转化效率低的原因是由于精饲料粉碎过细，在瘤胃内被降解的比例提高了，被牛利用的比例就低，因而饲料的经济性和牛的增重量都受到了不利的影响。

饲料粉碎过细会造成肥育牛采食饲料量的下降,原因是由于饲料的适口性下降。肥育牛采食较粗精饲料量比采食较细粉末饲料量要高一些。因此,在目前条件下我国肉牛饲养场,喂牛的玉米粉碎的细度(粉状料的直径)以 2 毫米为好。

(二)压片玉米　　压片玉米喂牛,已在国外广泛利用近30 年,近年来有更多的肉牛饲养场采用压片玉米喂牛。压片玉米可分为干燥玉米(含水量 12% ~ 14%)压片和蒸汽(温度100℃ ~ 105℃,含水量 20% ~ 22%)压片玉米,其中以蒸汽压片玉米饲喂效果最好。

1. 肥育牛饲喂蒸汽压片玉米的好处

第一,玉米结构中所含有的淀粉受高温高压作用而发生糊化作用,玉米淀粉糊化作用致使糊精和糖的形成,使玉米变得芳香有味,因而提高了适口性。

第二,玉米淀粉糊化作用,使淀粉颗粒物质结构发生了变化,消化过程中酶反应更容易,从而使玉米饲料的转化率提高了 7% ~ 10%。

第三,玉米淀粉糊化减少了甲烷的损失,而增加 6% ~10% 的能量滞留,从而使肥育牛的日增重提高 5% ~ 10%。同样年龄的牛犊达到体重 300 千克,采用磨碎玉米时需要240 天,而采用蒸汽压片玉米时可减少 30 天。

第四,玉米淀粉糊化作用,减少了瘤胃酸中毒的概率。

第五,蒸汽压片玉米的吸水率提高了 5% ~ 8%。

第六,玉米用蒸汽压片后改变了形状,与牛消化液接触面积增加了,从而提高了饲料的消化率 6%。

第七,新生牛犊饲喂蒸汽压片玉米后,死亡率减少 4 ~ 5个百分点。

第八,在肉牛的配合饲料中采用蒸汽压片玉米后,兽药费用下降 60%。

2. 压片玉米的厚度　普遍认为以 0.79～1 毫米较好。

3. 蒸汽压片玉米制作工艺过程

原料(玉米、大麦、小麦、高粱)→提升输送(除尘)
→初筛(除杂质)→除铁→提升输送→贮存→计量
(饲料含水量 20%～22%)→增湿→蒸煮(蒸汽
105℃～110℃,40 分钟)→压片(片厚 0.5～1 毫米)
→离心除尘→冷却(用排风机散热器降温降湿)→干
燥→垂直风送→离心除尘→计量包装(含水量
12%～14%)→成品库→销售

4. 蒸汽压片玉米加工成本

(1) 设备折旧费　设备成本(国产)50 万元。折旧年限
15 年,每年折旧费 3.33 万元。年产 1.7 万吨,每吨饲料折旧
费 1.94 元。

(2) 土建　1 000 平方米,成本 60 万元。折旧年限 15 年,
每年折旧费 4 万元。年产 1.7 万吨,每吨饲料折旧费 2.35 元。

(3) 工资　40 人(月工资 1 000 元/人)每吨饲料担负
6.67 元。

(4) 电费　50 千瓦×16 小时 = 800 千瓦小时;800 千瓦
小时×300(天) = 240 000 千瓦小时;240 000 千瓦小时×
0.65 元/千瓦小时 = 156 000 元;156 000 元÷17 000 吨 =
9.1765 元/吨,即每吨饲料担负 9.18 元。

(5) 水费　每吨饲料担负 0.1 元。

(6) 银行利息　设备利息每吨饲料担负 7.87 元。

(7) 流动资金利息　每吨饲料担负 6 元。

总计每吨饲料担负费用 34.1 元。

5. 玉米蒸汽压片的厚度与喂牛效果 经科学工作者试验研究证明,玉米蒸汽压片的厚度会影响肥育牛的采食量,继而影响肥育牛的增重以及饲料报酬(表4-3)。用厚度小于1毫米的压片玉米喂牛时,肥育牛平均日增重1 280克,比厚度2毫米玉米片、6毫米玉米片分别提高增重4.07%和6.67%;用厚度小于1毫米的玉米薄片喂牛时,每增重1千克体重饲料(干物质)需要量为5.6千克,比厚度2毫米玉米片、6毫米玉米片提高利用效率分别为2.78%和3.62%。因此,在实际工作时,蒸汽压片玉米的厚度应选择小于1毫米。

表 4-3 玉米蒸汽压片饲料的厚度与喂牛效果

项　　目	小于1毫米	2毫米	6毫米
试验牛数	14	14	14
开始体重(千克)	220	219	222
结束体重(千克)	428.6	419.5	417.6
平均日增重(克)	1280	1230	1200
平均每头日采食(干物质,千克)	5.6	5.76	5.81
饲料报酬	6.1	6.7	6.9

(三) 玉米湿磨 湿磨是玉米在饲料应用中的新成果。湿磨玉米饲料分玉米面筋粉、玉米面筋饲料、玉米胚芽饲料和玉米浸泡液等几种。

1. 湿磨玉米的营养成分 湿磨玉米营养成分见表4-4。

表 4-4 湿磨玉米的营养成分

项　　目	玉米面筋粉	玉米面筋饲料	玉米胚芽饲料	玉米浸泡液
蛋白质(%)	60.0	21.00	22.00	25.00
脂肪(%)	3.0	3.60	1.00	-
粗纤维(%)	3.0	8.40	12.00	0.00
叶黄素(毫克/千克)	496.0	-	-	-
钙(%)	0.07	1.00	0.04	0.14
磷(%)	0.48	1.00	0.30	1.80
总消化养分(%)	80.00	89.00	67.00	4.00
净能值(干物质基础)				
生　长(兆焦/千克)	5.5304	5.4467	4.1480	
维　持(兆焦/千克)	8.2036	8.2036	6.4521	

2．湿磨玉米的特性

（1）玉米面筋粉　玉米面筋粉是玉米在湿磨加工过程中被分离的谷蛋白和在分离过程中没有被完全回收的少量淀粉、粗纤维。粗蛋白质含量高达 60%，蛋氨酸、叶黄素的含量都较高。在使用玉米面筋粉饲料饲喂架子牛时，应适量使用，尤其是在肥育结束前 100 天左右应停止饲喂玉米面筋粉或限量饲喂。

（2）玉米面筋饲料　玉米粒经过湿磨加工工艺生产玉米淀粉、玉米淀粉衍生物以后的剩余产物。粗蛋白质含量达 20% 左右。

（3）玉米胚芽饲料　玉米粒经过湿磨加工工艺提取的玉米胚芽及玉米胚芽榨取油后的剩余物。粗蛋白质含量达 20% 左右。

（4）玉米浸泡液　玉米浸泡液是浸泡玉米粒的溶液。溶液中含有较多的水溶性物质，如 B 族维生素、矿物质和一些未确定的促生长物质。溶液浓缩后可形成固形物。玉米浸泡液的干物质含量 4% 左右。

3．湿磨玉米的喂牛效果　玉米面筋饲料蛋白质的过瘤胃率可达 60%。对 34 头架子牛饲喂 150 天的试验结果见表4-5。

由表中显示，用 50% 湿磨玉米面筋饲料加 50% 青贮饲料，饲喂效果较其他配比的饲料要好。

玉米湿磨饲料喂牛的效果在另一个试验中结果见表4-6。

由表中看出，湿玉米＋湿磨玉米、干玉米＋湿磨玉米配合饲料喂牛的效果比玉米＋豆饼、玉米＋尿素配合饲料好，表现在日增重、日采食量和屠宰率等项。

表 4-5 不同比例湿磨玉米饲料喂牛效果比较

项 目	90%湿磨玉米加10%青贮玉米	50%湿磨玉米加50%青贮玉米	70%湿磨玉米加30%青贮玉米	90%湿磨玉米无青贮玉米
日增重(克)	1239	1339	1259	1217
干物质采食量(千克)	7.90	8.81	8.85	8.08
饲料/增重	6.40	6.57	7.04	6.64
屠宰率(%)	63.50	63.60	63.80	63.40
胴体质量等级 *	9.77	9.52	9.58	8.80
胴体产量等级	2.79	1.76	2.70	2.49

*9 尚好(还可以),10 较好,11 好

表 4-6 湿磨玉米饲料和其他饲料喂牛效果比较

项 目	玉米 + 豆饼	玉米 + 尿素	湿玉米 + 湿磨玉米	干玉米 + 湿磨玉米
开始体重(千克)	327.8	328.7	326.9	327.3
结束体重(千克)	479.0	468.5	484.4	479.9
日增重(克)	1330	1267	1380	1348
日采食量(千克)	8.14	7.77	8.80	9.47
饲料/增重	6.13	6.37	6.37	7.01
胴体重(千克)	298.7	287.8	304.6	302.8
屠宰率(%)	62.40	62.49	63.05	63.47
胴体产量等级	3.71	3.63	3.50	3.80
胴体质量等级	10.52	10.03	10.36	10.39

（四）高水分玉米利用 玉米含水量达 30%以上称为高水分玉米。

玉米是肥育牛的优质能量饲料,但是对玉米进行不同的加工,喂牛后会产生不同的饲养结果(表 4-7)。以玉米薄片(蒸)的效果最好。用蒸汽玉米薄片饲喂肥育牛时,比用玉米粒喂牛平均日增重提高 6.43%,每增重 1 千克体重饲料的需要量减少了 0.56 千克干物质;比用黄玉米粒喂牛平均日增重提高 1.17%,每增重 1 千克体重的饲料需要量减少了 0.73 千克干物质,用蒸汽玉米薄片饲喂肥育牛效果显著。

表 4-7　玉米加工方法和养牛效果

项　目	玉米粒	蒸玉米粒	蒸玉米薄片
试验牛头数	41	41	40
试验天数	221	221	221
开始体重(千克)	190.0	194.2	192.1
结束体重(千克)	440.9	458.0	459.0
平均日增重(克)	1135	1194	1208
日采食量(干物质,千克)	7.01	7.59	6.71
饲料报酬	5.62	5.79	5.06

二、大　麦

大麦籽实是生产高档牛肉的极优质能量饲料,在肥育期结束前 120~150 天,每头每天饲喂 1.5~2 千克会获得极好的效果。大麦籽实与玉米籽实不同,大麦籽实外面包有 1 层质地坚硬并且粗纤维含量较高的种子外壳(颖苞)。整粒大麦饲喂牛时,在牛粪中可以看到较多的整粒大麦。大麦的加工方法有蒸汽压片法、切割法、粉碎法和蒸煮法多种,以蒸汽压片法、切割法能够获得更好的饲养效果。我国目前利用大麦的方法为粉碎法和蒸煮法。

（一）大麦的特性 据分析测定,脂肪含量低和饱和脂肪酸含量高是大麦作为饲料的两大特性,为其他饲料不能替代。在肥育牛的后期饲喂大麦,可以获得洁白而坚挺的牛胴体脂肪。其机制是:①大麦成分中脂肪的比例较低,仅为2%,淀粉的比例却较高,并且此淀粉可以直接变成饱和脂肪酸;②牛瘤胃在代谢大麦过程中能把不饱和脂肪酸加氢变成饱和脂肪酸,饱和脂肪酸颜色洁白且硬度好,因此牛屠宰后胴体脂肪颜色白且坚挺。大麦本身又富含饱和脂肪酸,叶黄素,胡萝卜素的含量都较低,故在肥育牛屠宰前120～150天,每头每天饲喂1.5～2千克大麦,能提高胴体和牛肉品质。

（二）大麦饲喂肉牛的效果 玉米、大麦、燕麦和小麦等都可以用来做肥育牛的精饲料,但是由于加工方法的差异,饲养和经济效益也不同(表4-8)。

表4-8 大麦和其他饲料喂牛效果比较表

饲料种类	加工方法	始重(千克)	日增重(克)	日采食量(千克)	饲料报酬
1/3燕麦加2/3整玉米	整粒燕麦	452.6	876	6.58	7.56
	粗磨碎燕麦	452.6	935	6.63	7.10
	中磨碎燕麦	450.8	958	6.63	6.95
	细磨燕麦	451.7	885	6.63	7.49
大麦	整粒大麦	314.6	962	6.72	7.00
	细磨大麦	311.9	1022	5.68	5.54
小麦与玉米混合	整粒小麦	255.1	981	6.54	6.68
	磨碎小麦	251.5	835	4.36	5.23
	磨碎小麦1/2加整粒玉米1/2	252.9	1167	5.99	5.13

表4-8的数据表明,大麦细磨碎后喂牛的效果好于整粒

大麦喂牛;磨碎小麦与整粒玉米混合后喂牛要比饲喂整粒小麦、磨碎小麦的增重效果好。

三、高　粱

高粱用来喂牛时必须进行加工,不能整粒饲喂。加工方法有碾碎、裂化、粉碎、挤压与蒸汽压片(扁)。为什么高粱必须经加工后才能喂牛,因为高粱受到碾碎、挤压或蒸汽压片的作用后,既破坏了高粱成分中淀粉的结构,又破坏了高粱胚乳中蛋白质与淀粉的结合,使得高粱的适口性得到改善,同时还可以提高15%的营养价值。

不能单一用高粱喂牛,必须与其他能量饲料搭配,才会获得较好的效果。如高粱与玉米搭配喂牛,效果较好(表4-9)。

高粱75%、玉米25%的配合比例,喂牛时增重效果较好;高粱25%、玉米75%的配合比例,喂牛时饲料报酬较好。

表 4-9　高粱与玉米配合喂牛效果

项　目	100%高水分玉米	高粱25%,玉米75%	高粱50%,玉米50%	高粱75%,玉米25%	高粱100%
日增重(克)	1362	1430	1430	1453	1412
饲料报酬	2.751	2.546	2.656	2.642	2.878

四、能量饲料的加工方法

能量饲料饲喂肥育牛一般都要进行加工。加工方法很多,各有优缺点。

(一)**粉碎法**　有两种方法。一种是使用锤片式机械将玉米、大麦与高粱击碎成粉状。这是我国目前养牛场用得最多的方法。另一种是使用辊磨式机械将玉米、大麦与高粱磨碾碎成粉状。据试验,肥育牛对高粱粒的细度有较强反应(表4-10)。

表 4-10　高粱破碎细度与养牛效果

项　目	辊　磨　机		锤　片　机
粗　细　度	粗粉碎 2 毫米	细粉碎 0.3 毫米	细粉碎 0.5 毫米
采食量(%)	100	90	85
增重(%)	100	100	90
饲料利用率(%)	100	90	100

　　生产实践证明,能量饲料破碎的细度过细,提高了在瘤胃内的降解率,不到饲料消化吸收部位能量就被耗尽,从而降低了饲料的利用效率。另外,能量饲料破碎粒度过细,同时会降低肥育牛的采食量。

　　(二) 膨化法　膨化法是将玉米、大麦和高粱等能量饲料放在一容器内,加热加压,饲料在高温高压下软化膨胀,喷出来时饲料松软、芳香可口。这样加工的饲料适口性好,提高了肥育牛的采食量。又因在加热加压过程中饲料中的淀粉被糊化,提高了肥育牛对饲料的消化率。

　　(三) 微波化法　微波化法是将玉米、大麦和高粱等能量饲料,放在红外线微波作用下,加温高达 140℃以上,再送入辊轴,压成片状。饲料在红外线微波作用下,内部结构发生变化,提高了饲料的消化率。

　　(四) 湿磨法　同前述。

　　(五) 烘烤法　烘烤法是将玉米、大麦和高粱等能量饲料放在专用的烘烤机内加温,烘烤温度为 135℃ ~ 145℃。经过烘烤的玉米、大麦具有芳香味,肥育牛的采食量有显著的增加。

（六）颗粒化法　颗粒化法是将玉米、大麦和高粱等能量饲料先粉碎，而后通过特制制粒机制成一定直径的颗粒。此法可依据肥育牛的体重大小压制成直径大小不等的颗粒饲料，还可以在压制颗粒过程中添加其他饲料，提高颗粒料的营养价值。肥育牛采食颗粒料量要大于其他饲料量。

（七）压扁法　分为干压扁和蒸汽压片。蒸汽压扁见前述。

干压扁是将玉米、大麦和高粱等能量饲料装入锥状转子的压扁机，被转子强压碾成碎片。压扁机后续工程又将大片状饲料打成小片状。据资料介绍，整粒玉米的消化率为65%，粉碎玉米的消化率为71%，碾压片玉米的消化率为74%。碾压片玉米的消化率高于整粒玉米和粉碎玉米。

五、能量饲料料型与喂牛效果

在生产实践中，用来喂牛的能量饲料料型有细粉状、颗粒状和压片（扁）状几种。现汇集多方面资料，试比较各种料型喂牛效果的优缺点，供参考。

（一）细粉料型饲料　细粉料型饲料是我国传统饲料。将能量饲料粉碎而成，生产设备较简单，生产成本较低是其优点。其缺点是饲料成粉末后，不利于牛采食，易造成牛的厌食而降低牛的采食量。肥育牛采食不到应有量，既影响牛的增重，又增加了牛的饲养成本。

（二）颗粒状饲料　把能量饲料首先粉碎，而后制成颗粒料。

1. 颗粒状料的优点

（1）对饲料加工厂有利　便于变更饲料配方，有利于运输和降低运输成本；便于在饲料内添加微量元素、维生素、保健剂和抗氧化剂,改善饲料中一些营养物质的利用率;便于包装和贮存,减少了尘埃和有毒有害细菌的侵害;更大程度上保证了饲料产品的优质。

(2) 对肉牛饲养场有利　便于运送、贮存和保存,有利于饲料的分配,减少了饲料的损耗量,改善了牛场的卫生条件。

(3) 对肥育牛有利　肥育牛采食踊跃,提高了采食量,杜绝了牛挑剔饲料的毛病。提高了饲料的消化率、转化率和增重速度。

2. 颗粒饲料的缺点　主要表现在:①制作颗粒饲料的设备成本要比制作粉状饲料设备成本高 18% ~ 20%;②制作颗粒饲料的成本要比制作粉状饲料成本高 8% ~ 9%;③饲喂颗粒饲料后,肥育牛的日增重提高不多,仅为 0.5% ~ 1.7%;④制造颗粒饲料消耗能源(电)量大;⑤造粒模型易损坏。

(三) 蒸汽压片饲料　蒸汽压片饲料的喂牛效果见前述。

第二节　蛋白质饲料

在肥育牛的配合饲料中,常选用的蛋白质饲料有饼类(棉籽饼、棉仁饼、菜籽饼、葵花籽饼、花生饼、亚麻仁饼、大豆饼)和豆科籽实类(蚕豆、豌豆、大豆)。

一、棉　籽　饼

棉籽饼是带壳棉籽经过榨油后的副产品。笔者在饲养实践中体会到,棉籽饼既具有蛋白质饲料的特性(含粗蛋白质24.5%),又具有能量饲料的特性(每千克代谢能 8.45 兆焦,维持净能 4.98 兆焦,增重净能 2.09 兆焦),还具有粗饲料的特性(含粗纤维 23.6%)。由于棉籽饼含有较高的粗纤维,故在猪饲料中不可能较多地利用(在日粮配方中只占 5% ~ 7%),养鸡用量更低(3%以下)。但是棉籽饼却是肥育牛的优质蛋白质饲料,而且在肥育牛的日粮中可以大量搭配。

(一) 棉籽饼的使用方法 棉籽饼的使用方法,目前有浸泡法与粉碎法,各地方法不一。

1. **浸泡法** 先将棉籽饼用水淹没浸泡 4 小时以上,喂牛时把水溶液倒掉。持此法者认为,通过浸泡可以去掉棉籽饼中的毒素。其实,此法有以下缺点:①用水淹没浸泡时会有一部分水溶性营养物质溶解到水中,使棉籽饼的使用价值降低,致使肥育牛的饲料成本增加;②浸泡后的棉籽饼再与其他饲料搅拌混匀,难度很大;③在温度较高时浸泡棉籽饼易发酵变酸,从而降低牛的采食量,延长了牛的肥育期。

2. **粉碎法** 将棉籽饼用粉碎机械粉碎。此法有以下缺点:①因棉籽饼带有部分棉絮(棉籽上带的),经粉碎后,棉籽松软成团,很难与其他饲料搅拌均匀,往往浮在配合饲料的表面;②部分棉絮会侵害牛鼻孔,诱发牛的呼吸系统疾病。笔者使用棉籽饼时既不浸泡,也不粉碎,而是直接将棉籽饼与其他饲料混合制成配合饲料喂牛。曾在北京、山东、吉林、新疆、河北、安徽和山西等地广泛使用,取得很好的效果。

(二) 棉籽饼喂牛效果及牛肉中的棉酚残留 肥育牛使用棉籽饼,以前曾主要有两点担心:一是棉籽饼中的棉酚对肥育牛的毒害;二是肥育牛饲喂棉籽饼后牛肉中会不会累积棉酚而影响人们的健康。为此,笔者做了一些有关工作。

1. **棉籽饼喂牛试验**

例(1) 1984 年 7 月,北京市窦店村第一农场养牛场购进架子牛 35 头。当时的棉籽饼价格只有玉米价格的 1/5。为了养牛赢利,少用或不用玉米饲料,仅用棉籽饼及小麦秸,每日每头饲喂棉籽饼 7~8 千克。饲养期接近 2 个月,不仅没有发现病牛,而且牛出栏时膘肥体壮,毛色光亮。

1983~1990 年,窦店村用棉籽饼做蛋白质饲料肥育架子牛 15 000 余头,没有发生一例棉籽饼中毒。

例(2) 1990~1991 年,北京市望楚村肉牛肥育场购进架子牛 121 头。由体重 180 千克开始肥育,肥育期长达 16 个月,体重达 580 千克时结束。肉牛饲料中棉籽饼的比例为 25%~35%(棉籽饼价格低于玉米),在长达 16 个月的肥育期内没有发现中毒病牛,121 头牛经屠宰,逐头检查心脏、肝脏、肺脏、脾脏、胃、肠、肾脏和膀胱都正常。

例(3) 1995 年 9 月间,北京市通州区一肥育牛场购进架子牛 200 头,体重 280 千克左右。肥育期没有玉米饲料,以棉籽饼为主,编制配合饲料配合比例表,配方如下(干物质为基础):棉籽饼 58%,青贮玉米 22%,醋糟 19.7%,石粉 0.1%,食盐 0.2%。经过 40 天的饲养,无一头牛发生棉酚中毒,获得较好的饲养效果。

① 增重情况:饲养初体重为 281.28 ± 34.47 千克,40 天后体重为 307.88 千克,净增重 26.6 千克,平均日增重 715 克。

② 饲料消耗:在 40 天饲养期内,共消耗棉籽饼(自然重,下同)31 780 千克,青贮玉米料 41 120 千克,醋糟 36 400 千克,食盐 266 千克,石粉 120 千克。平均每头牛每天采食棉籽饼 3.97 千克,青贮玉米料 5.14 千克,醋糟 4.55 千克。

③ 采食量:按饲料干物质计算为 7.05 千克,占肥育牛活重的 2.51%;以饲料自然重计算为 13.71 千克,占肥育牛活重的 4.88%。

④ 饲料报酬:200 头牛在 40 天饲养期里,每增重 1 千

克活重,饲料消耗量(自然重,下同),棉籽饼 5.56 千克,青贮玉米料 7.19 千克,醋糟 6.36 千克。

⑤ 肥育牛增重的饲料成本:肥育牛增重 1 千克体重的饲料费用为 10.84 元(棉籽饼 1.3 元/千克,青贮玉米料 0.43 元/千克,醋糟 0.08 元/千克,食盐 0.16 元/千克,石粉 0.20 元/千克)。

例(4) 1997 年 10 月至 1998 年 8 月,山东省泗水县一牛场用棉籽饼为蛋白质饲料(配比为 20%)饲喂肥育牛 121 头,全部屠宰未发现 1 例病牛。

例(5) 2000 年 7 月至 2001 年 8 月,北京市郊区一牛场用棉籽饼(配比为 15% ~ 20%)喂养肥育牛 821 头,饲养期没有发现棉籽饼中毒现象,屠宰后内脏也无病变。

从以上的资料可以证明,棉籽饼无须处理即可饲喂肥育牛,不仅安全可靠,而且对牛也不会产生毒害。

2. 牛肉中的棉酚含量 为了使人们食用放心牛肉,进一步测定牛肉和脏器中的棉酚含量很有必要。为此,我们随机采样取牛肉和脏器样品,送到有关单位进行检测。检测到的棉酚含量为 0.0035% ~ 0.0051%。此含量远远低于我国 1985 年卫生部规定的棉籽油中棉酚的允许含量(≤0.02%)。从上述测定结果,大家无须担心食用用棉籽饼喂养的牛肉会发生棉酚中毒。

二、葵花籽饼

葵花籽饼是葵花籽实经过榨油后的剩余物。在北方地区葵花籽饼产量较多。葵花籽饼也是肥育牛较好的蛋白质饲料,价格较棉籽饼、大豆饼便宜。饲喂前无须做任何再加工,牛也喜欢采食。在生产中使用葵花籽饼时需要注意两点。

第一，葵花籽饼在制作过程中残留的脂肪量较多，燃点低，故在存贮过程中极易自燃。因此，在堆放葵花籽饼时要采取防火措施，保持通风良好，堆码不能太厚，并应经常检查。

第二，葵花籽饼虽然含蛋白质较多，但是含有增重净能值较低，每千克只有 0.04 兆焦。在配制肥育牛配合饲料时必须和含有增重净能值高的饲料配合使用，才能获得较为满意的增重效果。

三、菜 籽 饼

菜籽饼是用菜籽榨油后的残留物。菜籽饼因含芥子苷或称含硫苷毒素（含量 6%以上）而未能在养殖业上得到广泛利用。笔者认为，菜籽饼最有效的利用办法是与青贮饲料混贮。在制作青贮饲料时，将菜籽饼按一定比例加到青贮原料中，入窖发酵脱毒。

四、胡 麻 饼

胡麻在我国华北、东北和西北地区种植较多。胡麻饼是胡麻的籽实榨取油脂后的副产品，味香，牛喜欢采食。由于胡麻籽实加热榨取油脂过程中一些耐热性较差的维生素、氨基酸被较多破坏，因此，饲料中胡麻饼的配比不宜太高，以 10%较好。另外，饲喂量太多会使肥育牛的脂肪变软，降低胴体品质。

五、其他饼类

大豆饼、花生饼、棉仁饼等虽然都是肥育牛的优质蛋白质饲料，但是由于其价格贵、饲养成本高，一般不被养牛户选用或尽量少用，以降低成本。

第三节 糠麸饲料

用于肥育牛的糠麸饲料主要有麦麸、米糠、大豆皮、高粱糠、玉米皮和玉米胚芽饼等。

一、麦　麸

麦麸是麦类加工面粉后剩余物的通称。在肥育牛日粮中常用的麦麸饲料为小麦麸,俗称麸皮。

麦麸饲料有含磷多,具有轻泻性的特点,因此,在利用麦麸饲料时要牢牢记住它的特性。

麦麸是中原地区牛的主要饲料。多数农户利用秸秆、麦麸加水在食槽内搅拌后任牛采食。其实此法并不科学,但是已在当地习惯成自然。

在架子牛经过较长时间的运输到达肥育场时,笔者常在清水中加麦麸(为水量的 5%～7%),供牛饮用,一连 3 天,对恢复架子牛的运输疲劳很有作用;前 5～7 天,在牛的饲料中麦麸配比达 30% 左右,有利于架子牛轻泻去火,排除因运输应激反应产生的污物,并对尽快恢复正常采食量有积极作用。但是麦麸饲料在架子牛的肥育后期饲喂量不能过大,主要原因是麦麸富含磷及镁元素,当牛进食过量磷及镁元素后,会导致肥育牛尿道结石症。肥育牛在催肥后期(100 天)麦麸饲料在日粮中的比例以 10% 左右为好。

二、米　糠

米糠是碾制大米的副产品。一般分为细米糠和粗米糠。细米糠为去稻壳的糙米碾制成精白米的副产品,粗米糠则是未去稻壳加工精白米的副产品。米糠又有脱脂米糠和未脱脂米糠之分。在饲喂肥育牛时，以脱脂米糠较好。因为未脱脂米糠含脂肪量较多，当肥育牛采食较多量的未脱脂米糠后，会导致肥育牛腹泻，胴体脂肪松软，胴体品质下降。为避免产生不良的后果，米糠在日粮中应以 5% 的比例比较安全。未脱脂米糠不易常期保存，极易产生哈喇味，变质，影响适口性。

三、大 豆 皮

大豆皮是采用去皮浸提油脂加工大豆的副产品。大豆皮含干物质 90%，粗蛋白质 12%，粗纤维 38%。这是近几年新增加的糠麸饲料。无须加工便可喂牛，肥育牛喜欢采食。

一些试验研究报道，在肥育牛日粮中，当混合日粮的精料低于 50% 时，大豆皮饲养效果要好于混合日粮。当混合日粮的精料含量达到 50% 以上时，用大豆皮饲养的肥育牛平均日增重、增重效率，就不如用混合日粮的高。

四、玉米胚芽饼

玉米胚芽饼是玉米的胚芽榨取玉米油后的副产品。味香，牛十分喜欢采食。无须加工就可以和其他饲料搅拌均匀后喂牛。

五、玉 米 皮

玉米皮是玉米制造淀粉、酒精时的副产品。玉米皮具有较高的能量，价格便宜。但是在使用时务必注意去除铁钉等尖锐杂物。

第四节 粗 饲 料

肥育牛可以采食的粗饲料种类很多,如玉米秸、麦秸、稻草、牧草、野草等。

一、玉 米 秸

收获玉米穗后的玉米秸秆,经风干后粉碎,是架子牛较好的粗饲料。牛消化玉米秸粗纤维的能力为 50%～65%。玉米秸的加工,笔者采用两机联合作业,铡草机 1 台、粉碎机 1 台(两机功率类同),铡草机在前,粉碎机在后,铡草机喷出的碎草正好落在粉碎机的入口处进入粉碎机粉碎成 0.5～1 厘米长的玉米秸饲料。

二、麦 秸

麦秸分为小麦秸、大麦秸、燕麦秸、荞麦秸几种。各种麦秸加工方法类同。在喂牛时根据其营养成分确定在配方中的比例。

在小麦产区,小麦秸是肥育牛的主要粗饲料资源。收集小麦秸时最好用打捆机打捆(长 600～1 200 毫米,宽 460 毫米,厚 360 毫米),既省事又效率高,便于搬运贮藏。小麦秸用粉碎机粉碎成 0.2～0.7 厘米长,即可和其他饲料混合均匀喂牛;有的农户还用辊(碾)压法将小麦秸压扁压软或用揉搓机将已铡短的麦秸用揉搓等方法加工。

三、稻 草

水稻种植区稻草是肥育牛粗饲料的主要资源。据测定,牛对稻草的消化率为 50% 左右。稻草含有效成分如蛋白质，能量都较低。稻草的加工以采用铡短(长 1 厘米左右)或揉搓两种方法较好，不宜粉碎成粉状喂牛(稻草粉易堵塞牛鼻孔、稻草粉易结块)。有的打成捆后挂在牛舍内由牛自由采食，但是浪费较多。

四、苜蓿干草

苜蓿为多年生豆科牧草，品种较多。苜蓿干草富含蛋白质(20% 左右)，是肥育牛的优质粗饲料。但是苜蓿干草品质的优劣很大程度上取决于收割后的烘干条件。优质苜蓿干草颜色青绿，叶茎完好，有芳香味，含水量 14% ~ 16%。苜蓿干草含钙量较高，在配合肥育牛的日粮时要注意磷的补充。在当前我国农业产业结构调整中，种草养畜是其中十分重要的内容。

五、其他粗饲料

除上述粗饲料外，其他农作物籽实脱壳后的副产品，有谷壳(谷糠)、高粱壳、花生壳、豆荚、棉籽壳、秕壳等。除稻壳、高粱壳外，其他荚壳类的营养成分均高于作物秸秆。

另外，甘薯、马铃薯、瓜类藤蔓类、胡萝卜缨、菜类副产品、向日葵茎叶和向日葵盘等，均可作为肥育牛的粗饲料，农户利用方便。

第五节 酒糟、粉渣饲料

酒糟类、粉渣类饲料是酿造业、制糖业、加工业的副产品，包括白酒糟、啤酒糟、玉米淀粉渣、白薯(红薯、甘薯)渣、甜菜渣、醋糟、酱油渣、豆腐渣等。肥育牛使用上述副产品,既经济(饲料成本低)又实惠(肥育牛增重好)。

一、酒　糟

我国白酒酿造业发达,每年酿造白酒几千万吨,副产品酒糟的产量多达亿吨。酒糟是肥育牛的上等粗饲料和诱食剂饲料。由于酿造白酒时选用的原料种类、掺加辅助料种类与发酵过程千差万别,因此,白酒糟的营养价值也有较大的差别。在配制肥育牛的饲料时,应该首先测定酒糟的营养成分,然后设计配方。采用酒糟喂牛,特别要注意在饲料中补加维生素A(粉剂)。

白酒糟是肥育牛的好饲料,但极易酸败和发霉变坏。当天购买当天用完是最佳方案。但贮存2～3天才能用完的情况较多。贮存方法是砌水泥池,将酒糟装入水泥池内,厚度30厘米左右压实1次,越实越好。顶部用塑料薄膜封闭,不能透风。也可以在池顶部加水,使酒糟与空气隔绝。农户可以用水缸贮存酒糟,也可以挖土坑(铺垫塑料薄膜)贮存酒糟,或采用厚塑料薄膜制作的塑料袋贮存酒糟。在少雨季节,也可晒干贮存。

肥育牛长期饲喂酒糟时,牛粪便稀软而呈黑色。要增加清扫粪便次数,保持牛舍清洁。

二、啤酒糟

啤酒糟含有丰富的营养物质(表4-11),肥育牛喜欢采食,价格较低,大多养牛场都愿意用啤酒糟饲喂肥育牛。

表 4-11 干啤酒糟成分

干物质 （%）	脂 肪 （%）	粗纤维 （%）	灰 分 （%）	粗蛋白质 （%）	钙 （%）	磷 （%）	钾 （%）	代谢能 （兆焦/千克）
91.9	7.1	15.4	4	26.4	0.12	0.5	0.08	10

用啤酒糟饲喂肥育牛的方法有以下3种。

一是直接喂牛。肥育牛饲喂新鲜的啤酒糟,应先将啤酒糟与其他饲料混合,搅拌均匀后喂牛。单槽养牛时,也可以先饲喂啤酒糟,然后饲喂其他饲料。每头每天饲喂啤酒糟15～20千克,饲喂啤酒糟过量会影响肥育牛的采食量,继而影响肥育牛的增重,延误出栏时间,加大饲养成本。

二是贮存后喂牛。啤酒糟的贮存方法类同于白酒糟,不过要把水分调节到 65%～75%,添加的辅助饲料有能量饲料、粗饲料或糠麸饲料等。

三是脱水后喂牛。干燥啤酒糟的方法也与白酒糟类似。

利用啤酒糟无论采用哪种方法喂牛,都会给养牛户带来较好的饲养效益。尤其在高精料饲喂肥育牛时,利用干啤酒糟防治肝脓肿有较好的作用。高精料中没有添加干啤酒糟时,粗纤维只占日粮的5%,10%,15%,肝脓肿的发病率相应为38.0%,32.6%,32.3%;在另外一个试验中,玉米等能量饲料达80%～90%,粗纤维水平为3.6%～5%,添加10%～20%干啤酒糟,试验牛未发现肝脓肿病例。

三、玉米淀粉渣

用玉米加工提取淀粉、酒精等产品后的剩余物称为玉米淀粉渣。这是近年来玉米加工业迅速发展的产物,为饲养业增加了新的饲料来源。

用玉米提取酒精为主时的副产品称之为玉米酒精渣。新鲜玉米酒精渣黄色，含水量74%左右，干物质中含有粗蛋白质29.82%，钙0.21%，磷0.38%。在配制肥育牛饲料时，玉米酒精渣的比例为8%～10%（干物质为基础），以鲜重为基础时的比例为15%～20%。烘干后（含水量14%～16%）的玉米酒精渣具有芳香味，牛喜欢采食。因此，以烘干贮存为好。

四、甘薯粉渣

甘薯（白薯、地瓜、红薯）粉渣是新鲜甘薯制作甘薯淀粉后的副产品。新鲜甘薯渣含水量75%～80%，其颜色受甘薯本色而定，白色或黄色。甘薯渣营养成分较差，以粗饲料做肥育牛的填充物。以厌氧贮存较好。

五、甜　菜　渣

甜菜渣是甜菜制糖工业的副产品，为肥育牛的优质饲料。我国东北、西北和华北地区甜菜种植面积较大。

保存甜菜渣的方法有冷冻成块（寒冷地区利用自然条件）法、制成颗粒（甜菜干粕）法和厌氧贮藏法。在各种保存方法中以制成颗粒（甜菜干粕）法效果最好。现将甜菜干粕介绍如下。

（一）营养成分　含水量10%～11%，杂质小于1%，粗蛋白质含量9%～9.5%，代谢能9.83兆焦/千克，维持净能6.23兆焦/千克，增重净能3.47兆焦/千克，可消化粗蛋白质50克/千克，钙0.96%，磷0.34%。

（二）饲养效果　用甜菜干粕替代40%玉米饲喂肥育牛的试验，取得了较好的增重效果和经济效益。

笔者于1985年做过试验。试验牛始重301.9千克，试验期 99 天。1 ~ 55 天的日粮配比为：玉米粉 24.8%，棉籽饼 14.5%，甜菜干粕 40%，玉米秸粉 20%，食盐 0.3%，石粉 0.2%，添加剂 0.2%。56 ~ 99 天的日粮配比为：玉米粉 38.9%，棉籽饼 7.2%，甜菜干粕 40%，玉米秸粉 13.2%，食盐 0.3%，石粉 0.2%，添加剂 0.2%。试验牛结束重 411.2 千克，平均日增重 1 104 克。饲料报酬(饲料/增重)：玉米 3.22，棉籽饼 1.41，甜菜干粕 3.84，玉米秸 1.8。

（三）经济效益　甜菜干粕的价格(1999 年 12 月产地价)每千克为 0.5 元，运输费用每千克 0.2 元。因此，每使用 1 千克干粕可以减少饲料费用 0.3 元(和玉米价格比较)。肥育 400 千克体重的架子牛可减少饲料费用 36 元，肥育 350 千克体重的架子牛可减少饲料费用 59.4 元，肥育活重 300 千克的架子牛可以减少饲料费用 129.6 元。以年肥育体重 300 千克架子牛 60 000 头估算，1 年可以减少饲料费用 77.6 万元左右。故应重视甜菜干粕饲料的使用。

（四）产地　根据笔者的调查，比较有规模和生产质量较好的甜菜干粕生产厂家如下：新疆维吾尔自治区额敏糖厂、奎屯糖厂(均在奎屯火车站设有办事处)，内蒙古自治区包头糖厂、临河糖厂，吉林省榆树县糖厂，黑龙江省齐齐哈尔糖厂。

六、玉米酒精蛋白饲料

玉米酒精蛋白(DDGS)饲料可分为干玉米酒精蛋白饲料和湿玉米酒精蛋白饲料两种，前者的含水量小于 12%，后者的含水量 70% ~ 80%。

玉米酒精蛋白饲料含粗蛋白质 28%，消化能为 9.63 兆焦/千克，钙 0.34%，磷 0.6%。

第六节　青贮饲料

大约在 3 000 年前,古埃及人就已经懂得了用青贮鲜草到冬季饲用,但到 20 世纪 40 年代,才被广泛采用。目前,青贮饲料已占贮存饲料的 45% ~ 50%。用于肥育牛的青贮饲料主要有全株玉米青贮饲料、青玉米穗青贮饲料、大麦青贮饲料、甘薯青贮饲料、高粱青贮饲料、牧草青贮饲料、野草青贮饲料等。各种青贮饲料制作方法类同。下面以制作全株玉米青贮饲料为例,介绍青贮饲料的制作条件、工艺、成本、质量检测、注意事项等。

一、全株玉米青贮饲料的制作

(一) 制作前的准备工作　在青贮饲料制作之前,要准备好青贮窖(壕)、塑料薄膜、压实设备,安排好劳动人员。养牛规模较大时用青贮壕,规模较小时用青贮窖。青贮窖一般为圆形,直径 2 ~ 3 米,青贮壕为长方形。青贮窖(壕)的深度要看当地地下水位,地下水位低时可以达 2 米;地下水位高时,青贮窖(壕)的底部应在地下水位之上。根据作者实践经验,以地上青贮壕(青贮壕底建在自然地面上)较为实用,易排水、易取料。青贮壕的长度为 40 ~ 70 米,宽度 4 ~ 6 米较好。地上青贮壕可为联体式建筑,既省地又省建筑费用。

(二) 收获　全株玉米的收获期在乳熟后期与蜡熟前期。中原地区、华北地区春播玉米,每年的 8 月初即可收割制作青贮饲料;麦茬玉米则在 9 月初至 9 月末。此时青贮原料的含水量为 70% ~ 75%,正符合制作青贮饲料最好的含水量标准。如果含水量高于 80%,要在原料中添加含水量低的干粗饲料,添加干粗饲料的多少由青贮原料实际含水量而定;如果含水量低于65%时,则应该在青贮原料中加水,加水量的多少由青贮原料实际含水量而定

用作肥育牛的青贮玉米收获期与用作奶牛青贮玉米收获期有些差别,前者要求能量多一些。大型养牛场收获青贮玉米时,通常采用牵引式或自走式青贮玉米专用收割机械收获。青贮原料切细长度1~2厘米。在个体或规模较小的肥育牛场,购买青贮饲料专用收割机械有一定的困难,可以购置小型青贮饲料切碎机,将整株玉米收割、运输到青贮窖边,切碎后制作青贮饲料。

(三) 运输　青贮玉米收割机收获的青贮原料由辅助车辆(自卸式拖拉机)运输到青贮窖(壕),卸入青贮窖(壕)。

(四) 称重　为了计算青贮饲料成本和支付青贮原料费,在青贮原料入窖前应进行称重。

(五) 青贮玉米饲料贮藏

1. 压实　用履带拖拉机充分压实,尽量减少青贮原料间的空气。

2. 添加添加剂　主要是尿素或助发酵剂,改善饲料品质等。

3. 密封　当青贮窖(壕)装满、压实、铺平后,立即用塑料薄膜将青贮窖(壕)密封。塑料薄膜上可再压些碎土、废轮胎或秸秆。

二、玉米穗青贮饲料制作

此种青贮与全株玉米青贮之不同处是仅贮存玉米穗,不贮玉米秸秆。其他制作工艺与全株玉米青贮一样。

三、青贮原料来源

经与当地农民协商,由农民种植玉米,企业收购。具体办法是实行定单农业。定单农业的主要内容有:①定玉米品种;②定玉米播种面积;③定播种时间;④定收获时间;⑤不定产量(为鼓励高产);⑥玉米价格随行就市;⑦定付款时间;⑧定违约处理条款。

四、青贮饲料添加剂

可用作青贮饲料添加剂的种类较多,各种添加剂的名称特点和添加量如下表 4-12。

表 4-12　青贮饲料添加剂的名称、特点和添加量

类　别	名　称	特　　　点	添加量(%)
有机酸	甲　酸	挥发性质,酸化,抑制梭状芽胞杆菌生长	0.5
	丙　酸	较甲酸酸化力弱,抑制霉菌	0.5
	丙烯酸	较甲酸酸化力弱,抑制梭状杆菌和霉菌	0.5～1.0
	甲、丙酸混合液	甲酸 30%,丙酸 70%	0.5
无机酸	硫　酸	非挥发性;酸化	按说明书添加
	磷　酸	酸化	同　上
防腐剂	甲　醛甲酸钠硝酸钠	挥发性,抑制细菌生长,减少蛋白质的分解	按说明书添加
盐类	甲酸盐	比甲酸酸化力弱	按说明书添加
	丙酸盐	比丙酸酸化力弱	同　上

类 别	名 称	特 点	添加量(%)
糖 类	糖蜜	刺激发酵	3%~10%
微生物接种物	乳酸杆菌及其他乳酸菌	刺激乳酸菌生长	按接种物说明添加
酶 类	纤维分解酶半纤维分解酶	分解纤维,细胞壁发酵,释放糖分	按酶类说明添加
非蛋白氮	尿素缩二脲胺盐	补充蛋白质,提高青贮饲料粗蛋白质含量	0.5
水分调节物	干甜菜渣粉粹谷物类粉粹秸秆	调节青贮原料含水量(65%~75%),防止青贮汁液流失,促进发酵	视原料含水量而定

五、青贮饲料品质检验

青贮饲料品质,一般由人们的感官评定。

(一) 颜色

上等 黄绿色、绿色。

中等 黄褐色、黑绿色。

下等 黑色、褐色。

(二) 气味

上等 酸味较浓,浓芳香味。

中等 酸味少或中等,稍有酒精味、芳香味。

下等 酸味极少。

(三) 质地

上等 柔软稍湿润。

中等 柔软稍干或水分稍多。

下等 干燥松散,粘结成块。

六、青贮饲料启用

青贮 30 天后便可开窖(壕)取草。长方形的窖(壕)自一端开窖。要根据使用量的多少确定开窖宽度,逐段自上而下取用。一旦开封后,必须每天取一层草。每次取后要用塑料薄膜、草袋覆盖。所取的青贮饲料必须当天喂完,以防二次发酵,霉烂变质。

第七节　矿物质饲料

一、肉牛体内的矿物质

对牛的生长、发育和生产有重要作用的元素至少有 20 种。科学家把这 20 种元素分成 3 组:重要元素,大量矿物质元素,微量矿物质元素(表 4-13)。

表 4-13　肉牛体内的元素

重要元素	大量矿物质元素	微量矿物质元素
氧	钙	铁
碳	磷	锌
氢	钾	硒
氮	钠	铜
—	硫	钼
—	镁	锰
—	氯	钴
—	—	碘

二、矿物质对肥育牛的重要性

肉牛体内所有的体细胞、体组织、体液都含有不同数量的

· 80 ·

矿物质,可见它的重要性。矿物质的缺少或严重不足会导致肥育牛的生产力下降,甚至死亡。

(一)钙 钙元素是肥育牛骨骼组成的主要元素之一。钙元素在谷物类饲料中的含量较少。肥育牛在缺钙时,会出现食欲不振、采食量减少、啃食异物,如砖头、石头、木头、土块等。用石灰石给肥育牛补充钙,经济实惠。

(二)磷 磷元素是肥育牛骨骼组成的主要元素之一。骨骼的80%是由磷酸钙组成,肉牛体内80%的磷在骨骼内,所以,磷元素对于肉牛骨骼乃至整个身体和生长都很重要。磷元素在谷物类饲料中的含量较丰富,尤其在麦麸中。当肥育牛缺乏磷元素时,也会出现食欲不振,采食量减少,啃食异物,如砖、石、木头、土块等。用麦麸补充磷和调节钙磷平衡,简单易行。

(三)镁 镁元素是肥育牛骨骼组成的主要元素之一。镁元素在许多酶系统和蛋白质的分解与合成中,是十分重要的活化剂。镁的不足会发生痉挛(抽搐)症,行走不稳,到处乱撞。补充磷酸镁可以避免镁的不足。

(四)硫 硫元素是一些氨基酸的必需成分。硫元素缺乏时,蛋白质的形成就会受到影响。一般肥育牛不会发生硫的缺乏。但是,给牛饲喂含有尿素的饲料时要补充硫元素。用含硫的盐类补充较好。

(五)钠 钠是血浆的重要组成部分,在机体软组织周围有很多分布。钠可以帮助控制肉牛体内的水分平衡。肥育牛缺少钠元素时,食欲下降,啃食泥土、砖块、喝尿液。在饲料中添加食盐或在牛舍内放置由多种矿物质制成的肉牛专用舔砖,就可补充钠元素。

(六)钾 钾和钠、氯共同完成肥育牛体内水分的平衡,钾在能量代谢过程中是一种必需元素。饲料中很少发生钾元素的缺乏，但是在较大量利用粉渣一类饲料时，易发生钾的缺乏。钾缺乏时也会影响能量饲料的消化，最终影响生长。用多种矿物质制成的肉牛专用添加剂，可补充钾元素。

（七）铁　铁元素是肥育牛血液中血红素成分的重要组成部分，也是几种酶的构成物质。饲料中很少发生铁元素的缺乏。发生缺铁时，肥育牛会发生贫血症(组织苍白色)，生长受阻。饲料中常用的铁补充物为含一个结晶水的硫酸亚铁，每千克饲料129毫克；或用多种矿物质制成的肉牛专用添加剂，也可补充铁元素。

（八）碘　碘元素是肥育牛甲状腺体的重要组成部分。肥育犊牛发生碘缺少时，可引起牛的甲状腺肿大，体质虚弱，严重时导致牛的死亡。用多种矿物质制成的肉牛专用添加剂，可补充碘元素。

（九）铜　铜元素是能量代谢酶的一个重要组成部分，它对牛骨骼的形成、血红蛋白的产生、皮肤色素的沉着、毛发的生长都很重要。肥育牛发生铜元素缺乏时，皮毛变得干燥、粗糙、易脱落，严重时，会发生腹泻，出现贫血症状，食欲下降。补充铜元素的方法：每千克饲料4毫克；或用多种矿物质制成的肉牛专用添加剂，可补充铜元素。

（十）锰　锰元素对肥育牛骨骼的形成和肌肉的发育有重要作用。多数种类饲料中锰元素的含量能够满足肥育牛的需要，当饲喂青贮饲料(特别是玉米青贮料)的量较大时会发生锰元素的缺乏。日粮中锰元素含量影响肥育牛的屠宰成绩。据报道，用3种含锰水平的日粮饲养肥育牛(一组39.2～40.9毫克/千克；二组189.4～375.1毫克/千克；三组339.2～708.9毫克/千克)，从6月龄开始，18月龄结束，3组肥育牛的屠宰成绩如表4-14。

表 4-14　日粮中锰元素水平与肥育牛屠宰成绩

项　　目	一组	二组	三组
肥育结束时体重(千克)	483.0	461.0	450.0
屠宰前体重(千克)	431.0	453.0	440.0
胴体重(千克)	239.0	259.0	246.0
屠宰率(%)	55.45	57.17	55.91
肾脂肪(内脂)重(千克)	15.0	16.5	15.8
肾脂肪率(%)	3.48	3.64	3.59
含肾脂肪胴体重(千克)	254.0	275.0	262.0
含肾脂肪屠宰率(%)	58.93	60.71	59.55

本试验结果显示,肥育牛日粮中锰元素含量189.4～375.1毫克/千克,可以提高肥育牛的屠宰率和肾脂肪重。

在饲养实践中采用多种矿物质制成的肉牛专用添加剂,可以弥补锰元素的不足。

(十一) 锌　锌元素在肥育牛体内有广泛的分布,它是肥育牛皮毛和骨骼生长发育的必需物质。缺少锌元素,会使肥育牛皮肤角质化,皮毛粗糙,口鼻发生炎症,关节僵硬等。补充锌元素的方法:每千克饲料添加锌30～40毫克。用多种矿物质制成的肉牛专用添加剂,也可补充锌元素。

(十二) 钴　钴元素对牛胃肠中利用微生物形成维生素 B_{12} 起关键作用。肥育牛缺乏钴元素时,使已进入牛体内的维生素 A、维生素 D、维生素 C、维生素 E 的消化率下降,影响蛋白质的合成和铜元素的利用。补充钴元素的方法:每头每天0.3～1毫克。或用多种矿物质制成的肉牛专用添加剂按说明书要求添加在饲料中;也可用多种矿物质制成的肉牛专用添加剂制成的舔块,放在饮水槽边任牛自由舔食。

(十三) 硒　硒元素具有抗氧化作用,它能阻碍氧化强度。硒对生物氧化酶系统起催化作用,与肥育牛体内细胞壁、细胞膜的有效生长有关。硒缺乏时,肥育牛生长缓慢或停止,体重下降。补充硒元素要谨慎,因为硒元素有毒性。皮下注射长效硒酸钠安全可靠,注射剂量为每千克体重 1 毫升。一次注射可以持续有效期为 4 个月。但是即将屠宰的牛不要注射;注射过的牛屠宰后要注意将注射点去掉。

(十四)氯 氯元素和其他元素结合形成氯化物,最有代表性的为氯化钠。缺少氯元素会造成牛食欲不振和体重下降。补充食盐即可以补充氯元素。

三、矿物质需要量

不同体重阶段、不同增重速度对矿物质有不同的需要量(表 4-15)。

表 4-15 肥育牛日粮中矿物质元素需要量

名　　称	每千克日粮需要量
锌	30～40 毫克
铁	80～100 毫克
锰	1～10 毫克
铜	4 毫克
钼	0.01 毫克
碘	0.08 毫克
钴	0.1～0.30 毫克
硒	0.1 毫克
钾	0.6%～0.8%
食盐	0.2%～0.3%
钙	0.36%～0.44%
磷	0.18%～0.22%
镁	0.18%
硫	0.10%

四、矿物质的相互作用

矿物质在肥育牛体内不是孤立的。一种矿物质量的多少往往对另一种矿物质的作用会产生增大或缩小的效果。例如,钙和磷的适当比例为 1~2:1,钙的比例超出或不足时,就会影响牛对钙、磷和其他元素的吸收利用。

五、几种常用钙磷饲料成分

几种常用钙磷饲料成分见表 4-16。

表 4-16　几种常用钙磷饲料成分

名　　　称	钙(%)	磷(%)	钠(%)	氟(毫克/千克)
石　粉	36~38	—	—	—
蛋壳粉	24.4~26.5	—	—	—
贝壳粉	38.6			
碳酸氢钙(商业用)	24.32	18.97		816.67
碳酸氢钙	29.46	22.79		
过磷酸钙	17.12	26.45		
磷酸氢二钠	—	21.81	32.38	
磷酸氢钠	—	25.80	19.15	—

六、动物体内必需矿物质的浓度

肉牛体内的矿物质元素多达 55 种,其中 15 种为动物体内必需矿物质。这 15 种矿物质又可依动物需求量的大小分为必需大量矿物质元素和必需微量矿物质元素(表 4-17)。

表 4-17　肉牛体内必需矿物质元素的浓度

大量矿物质元素		微量矿物质元素	
元素名称	体内浓度(%)	元素名称	体内浓度(%)
钙	1.50	钴	0.02 ~ 0.10
磷	1.00	铁	20 ~ 80
钠	0.16	锌	10 ~ 50
钾	0.20	锰	0.20 ~ 0.50
氯	0.11	铜	1 ~ 5
镁	0.04	碘	0.30 ~ 0.60
硫	0.15	硒	微量
		钼	1 ~ 4

七、矿物质的中毒量

在肥育牛饲养中利用矿物质饲料得当,能获得较好的效益,利用不当时会造成牛的矿物质中毒。美国、日本、前苏联对此进行了较多的研究,并提出了中毒的标准(表 4-18)。

表 4-18　肥育牛矿物质需求量及中毒界限量

矿物质	需求量(毫克/千克饲料)			中毒量(毫克/千克饲料)	
	日本标准	美国标准	前苏联标准	日 本	美 国
铜	4(肥育期)	5 ~ 7	7 ~ 10	100	115
钴	0.05 ~ 0.10	0.05 ~ 0.07	0.05 ~ 0.07	10	60
碘	0.10	0.50	0.25 ~ 0.30	—	—
锰	1 ~ 10	16 ~ 25	35 ~ 40	—	2000
锌	10 ~ 30(肥育期)	9	40 ~ 45	1000(生长期)	1200
硒	0.05 ~ 0.10	0.10	0.10 ~ 0.40	5	3 ~ 4
铁	—	30 ~ 40	53 ~ 60		1000
钼	—	—	0.10 ~ 0.50		6

矿物质	需求量(毫克/千克饲料)			中毒量(毫克/千克饲料)	
	日本标准	美国标准	前苏联标准	日　本	美　国
钾	—	—	7.0~7.5(克)	—	—
钙	—	—	5.0(克)	—	—
磷	—	—	2.60~2.70(克)	—	—
镁	—	—	1.40~2.20(克)	—	—
硫	—	—	3.0(克)	—	—
铝	—	—		—	—
食盐	—	—	4.0~5.0(克)	—	—
氟	—	—	15~30	—	20~100

第八节　维生素饲料

有人称维生素为维持生命之素,需要量虽少,但不能缺少。因此,在肥育牛的营养中有十分重要的作用。维生素可以分为脂溶性维生素和水溶性维生素两大类。也有把维生素 A、维生素 D、维生素 E 称为肥育牛的必需维生素,要由饲料中补充,而维生素 K、维生素 C 和 B 族维生素在牛的瘤胃中能够合成。

肥育牛很少发生维生素缺乏症。因为肥育牛从采食的粗饲料、青饲料和青贮饲料中很容易获得必需维生素 A、维生素 D、维生素 E。部分饲料的维生素含量见表 4-19。

在实际生产中,必须记住以下几点。

第一,当肥育牛长期采食大量白酒糟时,必须补充维生素 A。

第二,在组织生产高档牛肉、优质牛肉或要求牛肉的颜色更鲜红,补充维生素 E 会使养牛户和屠宰户都能获得满意的结果。补充量为每头每日 300 万～500 万单位。

表 4-19 部分饲料的维生素含量 (单位:毫克/千克)

饲料名称	胡萝卜素	维生素 E	B 族维生素	胆 碱
小 麦	-	15.8	5.0	859
大 麦	0.4	6.2	5.2	1050
燕 麦	-	6.0	6.4	1100
玉 米	4.0	0.4	4.2	570
大豆饼粉	0.2	3.0	6.6	2743
棉籽饼粉	-	1～6	0.7	920
乳清粉	-	-	3.7	900
干酵母	-	-	6.2	1310

第三,在用高精饲料肥育牛时,饲料中胡萝卜素含量很少,要注意补充维生素 A。

第四,如黄玉米贮存时间过长,胡萝卜素几乎全部损失,要注意补充维生素 A。

第五,强度肥育时,肥育牛增长迅速,极易发生维生素 A 的缺乏,要注意添加。

第六,当前农作物施用氮肥较多,使植物中硝酸盐(亚硝酸盐)含量增多,影响维生素 A 的利用。

补充方法:①口服,每头每日 5 万～10 万单位;②注射,每月每头 150 万～200 万单位。

第九节 添加剂饲料

用于肥育牛的添加剂分很多种类,分类的方法也较多,但归纳起来有长得快、省饲料型添加剂;健康、疾病少、低成本型添加剂;防腐、粘合、调味型添加剂等。使用添加剂总的目的是达到肥育牛在正常、健康条件下长得好、长得快、低成本、高效益;对牛、对人、对环境无害。常用的肥育牛添加剂有矿物质添加剂、维生素添加剂、保健添加剂。

一、矿物质添加剂

矿物质添加剂的种类和规格较多,今后还有增加的趋势。各饲养用户在使用矿物质添加剂时必须看清楚规格、型号、用量等。现将部分矿物质添加剂的纯度、重金属以及有毒物质的含量列入表4-20。

表 4-20　矿物质添加剂的纯度、重金属及有毒物质含量

矿物质添加剂名称	矿物质或添加物的含量(%)	重金属含量(毫克/千克)	砷含量(毫克/千克)
乳酸钙	98以上	≤20	≤4
碳酸钙	95以上	≤10	≤5
磷酸一氢钾(干燥)	98以上	≤20	≤2
磷酸一氢钠(干燥)	18~22	≤50	≤12
磷酸二氢钾(干燥)	27~32.5	≤20	≤2
磷酸二氢钠(干燥)	98以上	≤20	≤2
磷酸二氢钠(结晶)	98以上	≤20	≤2
碘化钾	98以上	≤10	≤5
碘酸钾	99以上	≤10	—
碳酸镁	40~43.5	≤30	≤5
氯化钾	99以上	≤5	≤2
碳酸氢钠	99以上	≤10	≤2.8
硫酸钠(干燥)	99以上	≤10	≤2
硫酸镁(结晶)	99以上	≤10	≤4
硫酸镁(干燥)	99以上	≤10(铝)	≤5
碳酸钴	47~52	≤30(铝)	≤5

矿物质添加剂名称	矿物质或添加物的含量(%)	重金属含量(毫克/千克)	砷含量(毫克/千克)
柠檬酸铁	16.5～18.5	≤20(铝)	≤4
琥珀酸柠檬酸钠	10～11	≤10(铝)	≤2
DC－苏氨酸铁	58～67	≤20(铝)	≤5
延胡索酸亚铁	13.6～15.7	≤10(铝)	≤5
碳 酸 锌	96.5以上	≤30	≤5
硫酸铁(干燥)	57～60	≤40	≤3.3
硫酸锌(干燥)	80以上	≤20	≤10
硫酸锌(结晶)	99以上	≤10	≤5
硫 酸 锰	95以上	≤10	≤4
碳 酸 锰	42.8～44.7	≤20(铝)	≤5
硫酸铜(干燥)	85以上	≤20(铝)	≤10
硫酸铜(结晶)	98.5以上	≤10(铝)	≤5
硫酸钴(干燥)	87以上	≤20(铝)	≤10
硫酸钴(结晶)	98以上	≤10(铝)	≤5
氢氧化铝	33～36	≤10	≤10
磷酸二钙(饲用)	Ca28,P9.5,S1.5～2	—	—
磷酸二钙	Ca29,P20.3		
氯 化 铜	47.3	—	—
碳 酸 铜	51.4	—	—
乙 酸 铜	35.2	—	—
氧 化 铜	79.9	—	—
无水硫酸亚铁	36.8	—	—
饲料级硫酸亚铁	36.8	—	—

矿物质添加剂名称	矿物质或添加物的含量(%)	重金属含量(毫克/千克)	砷含量(毫克/千克)
碳酸亚铁	48.2	—	—
氧 化 铁	69.9	—	—
氯 化 铁	34.4	—	—
氯 化 锌	48.0	—	—
乙 酸 锌	35.8	—	—
氧 化 锌	80.3	—	—
碳 酸 钴	49.6	—	—
氯 化 钴	45.4	—	—
乙 酸 钴	33.5	—	—
氧 化 钴	78.6	—	—
一氧化锰	73.0	—	—
二氧化锰	50.7	—	—
亚硒酸钠	45.7	—	—
硒 酸 钠	41.8	—	—
硒 化 钠	63.2	—	—
元 素 硒	79.0	—	—
亚硒酸钙	47.3	—	—

二、维生素添加剂

常用的维生素添加剂有维生素 A，B 族维生素和维生素 E。

三、缓冲剂

缓冲剂是保持瘤胃环境 pH 值稳定的添加物。目前用于肥育牛的缓冲剂有碳酸氢钠、倍半碳酸钠、天然碱、氧化镁、斑脱钠、碳酸氢钠-氧化镁复合物、丙酸钠、碳酸氢钠-磷酸二氢钾、石灰石等。常用缓冲剂用量见表4-21。

表 4-21 常用缓冲剂用量

缓冲剂名称	占混合精饲料(%)	每头每日用量
碳酸氢钠	0.7~1.0	100~150 克
碳酸氢钠-氧化镁(1:0.3)	0.5~1.0	25~50 克
碳酸氢钠-磷酸二氢钾(2:1)	0.5~1.36	25~70 克
丙 酸 钠	0.5	25 克

第五章　肥育牛的饲料配方及日粮配合

肥育牛24小时内采食的饲料总量,简称为日粮。肥育牛的日粮是将精饲料、粗饲料、青贮饲料、肉牛添加剂、保健剂等按比例(比例的标准是根据肉牛增重的营养需要、维持的营养需要及补偿生长等)混合在一起,然后充分搅拌均匀(手工操作时翻倒3次以上,机械搅拌的时间应多于3分钟)。对不同体重阶段的肉牛、不同增重要求的肉牛、生产牛肉档次不同、饲料价格不同、不同的饲养期等情况,都应有不同配方的配合饲料。

第一节　设计配合饲料配方时应注意的问题

在设计肥育牛配合饲料配方时,应注意以下几点。

第一,对肥育目标,要有明确的了解。肥育目标有高档(价)型、优质型和普通型的区分,不同类型肉牛需要有不同的饲料配方。

第二,肥育结束期达到的体重指标。肥育结束期达到的体重大小和日粮配方有密切关系,也和肥育时间有密切关系。因此,在设计饲料配方时,必须十分清楚肥育结束期达到的体重指标。

第三,肥育牛的性别。目前我国肉牛肥育的性别结构,主要是阉公牛和公牛两种。阉公牛和公牛的增重有差别,因此,饲料的配方及饲喂量也要不同。

第四,严格掌握肥育肉牛的即时体重,随时调整饲料配方和饲喂量。

肥育牛的不同生产目的,肥育牛的不同的生产水平,都有相应的营养需要量。只有满足了肥育牛的需求,才能获取最大的采食量,获得最大限度的饲养效益。我国到目前为止还没有较完整的可执行的肉牛饲养标准,常常借用美国的肉牛饲养标准。正因为这一点,在肉牛的肥育实践中,按美国肉牛饲养标准设计的配合饲料,营养水平往往会出现高于或低于我国肉牛肥育当时的需要量。因此,要求饲养技术人员经常深入牛栏了解肉牛采食量和肥育牛的增重量,及时调整配合饲料的营养水平和饲喂量。

第五,要高度重视配合饲料的适口性。肥育牛对饲料的色香味反应敏捷,对色香味好的饲料采食量大。牛的采食量大,可以达到多吃快长的目的。

第六,要经常注意配合原料价格的变动。在肥育牛的实践中,饲料成本占饲养成本的40%以上。因此,要降低饲养总成本,饲料费用占有重要地位。应随时注意饲料的价格变化,及时调整饲料配方。

第七,要严格注意配合饲料原料的品质。包括外表的和内部的。外表指颜色、籽粒饱满度、杂质含量;内部指营养物含量、含水量、有无有毒有害物质。如果饲料原料含水量高,既不利于保存,又增加了饲养成本。因此,肥育牛场配备快速水分测定仪很有必要。对每批采购进场的饲料,都要进行水分测定,是降低饲养成本的有效手段之一。

第八,要注意配合饲料营养的全价性。配合饲料有了较好的适口性,有了较低的成本,适宜的含水量,还应注意配合饲料营养的全价性、营养平衡和有无拮抗作用。

第九，在配制饲喂高档（价）和优质肉牛的配合饲料时，必须注意饲料原料中叶黄素的含量。当叶黄素量积聚到一定量时，会使肉牛脂肪颜色变黄，降低了牛肉的销售价格，造成养牛户的直接经济损失。因此，在设计高档、优质肉牛的饲料配方中，尤其在最后 100 天，要减少叶黄素含量高的饲料，如干草、青贮饲料和黄玉米等。

第二节　配合饲料配方的计算方法

饲料配方计算技术是近代应用数学与动物营养学相结合的产物，是实现饲料合理搭配的先进手段。配合饲料配方的计算方法有方形法、营养需要法和电脑法。

一、方形法

方形法的优点是简单易行，缺点是只适合 2～3 种饲料的配方，饲料品种较多时就繁琐了，但对初学者来说还是有一定的使用价值。具体方法如下。

首先画一个长方形的对角线，先将配合饲料中需要的营养要求，例如蛋白质百分数写于方形的中央，把拟选用的蛋白质饲料（如浓缩料）的百分数写于方形的左上角，再把配合饲料中拟选用的能量饲料（如黄玉米）的蛋白质百分数写在方形的左下角。用中央的数和左上角、左下角的数字之差（计算时不分正负号）写在右下角和右上角。即：左上角和中央数字之差写在右下角，左下角和中央数字之差写在右上角；右上角的数字就表示配合饲料中需要的蛋白质饲料的份数，右下角的数字就表示配合饲料中需要的能量饲料的份数。现举例如下。

给一群 350 千克体重的肥育牛(无补偿生长)设计肥育期配合饲料的配方。配合饲料要求粗蛋白质水平为 13%。能提供的饲料,蛋白质饲料为浓缩料(含粗蛋白质 42.5%),能量饲料为黄玉米(含粗蛋白质为 9.7%)。计算方法如下。

画长方形图,把配合饲料中需要的蛋白质百分率写于长方形的中央,把蛋白质饲料浓缩料的粗蛋白质含量写在长方形图的左上方,把能量饲料黄玉米的粗蛋白质含量写在长方形图的左下方。

浓缩料含有粗蛋白质 42.5  3.3 份浓缩料(占 10.06%)

黄玉米含有粗蛋白质 9.7　　　　　　29.5 份黄玉米(占 89.94%)

左上角数和中央数之差为 29.5,代表配合饲料中黄玉米的份数。

左下角数和中央数之差为 3.3,代表配合饲料中浓缩料的份数。

但是在实际喂牛时,将 3.3 份和 29.5 份直接用于配合饲料的配合,计算不方便,而要把这两种份额折算成百分数。将 3.3 和 29.5 换算成为百分数时,则浓缩料在配合饲料中占有 10.06%[3.3÷(3.3+29.5)×100%],黄玉米在配合饲料中占有 89.94%[29.5÷(3.3+29.5)×100%]。用 10.06% 的浓缩料和 89.94% 的黄玉米配制的配合饲料,其蛋白质水平即为 13%,达到设计要求。在应用此法时要注意,两种饲料的养分含量必须分别高于和低于所求的数值。

二、营养需要法

采用方形法计算肥育牛配合饲料,只能考虑配合饲料中粗蛋白质或能量的需要。而在实践中,配合饲料中的营养物质除蛋白质、能量外,还要考虑矿物质、微量元素和维生素的需要。肥育牛饲料中的能量需要,还分为维持需要和增重需要。因此,方形法计算肥育牛配合饲料不能完全满足生产实际的要求。而下面介绍的营养需要法来计算设计肥育牛配合饲料,就能较全面的考虑肥育牛的营养需要。

在具体设计计算肥育牛配合饲料的配方之前,要掌握肥育牛(架子牛)体重(最好是实际测量的数据)、肥育阶段(如肥育期初、期中、期末、一般肥育、强度肥育)、增重目标、结束体重指标和肥育目标(高档型、优质型、普通型)等。现将实际工作中设计肥育牛配合饲料配方的运算过程介绍如下。

(一)计算方法之一 根据下面提供的基础数据,设计肥育牛配合饲料配方。一群体重 400 千克左右的肥育牛处在肥育中期(无补偿生长),要求日增重 1 000～1 100 克,肥育目标为普通型肥育。配合饲料以风干(含水量 13%)重为基础,粗蛋白质水平为 10.9%,代谢能量水平为 10.1 兆焦/千克。计算步骤如下。

第一步,列出拟选择的饲料名称及其营养成分(查附表 1)的演算表如表 5-1。

第二步,表 5-1 中的粗蛋白质、代谢能、钙、磷指标是饲料含水量为 0,而设计饲料配方时的饲料含水量为 15%,因此,在设计配方前要把饲料的水分含量都校正到 15%(石粉除外)。经校正后拟选择的饲料营养成分如表 5-2。

表 5-1　拟选择的饲料名称及其营养成分表

饲料名称	饲料含水量（%）	粗蛋白质（%）	代谢能（兆焦/千克）	钙（%）	磷（%）
黄玉米	0	9.7	13.4306	0.09	0.24
棉籽饼	0	24.5	8.4517	0.92	0.75
胡麻饼	0	36.0	12.3000	0.63	0.84
玉米秸	0	6.6	9.9395	—	—
全株玉米青贮	0	7.1	8.3680	0.44	0.26
食　盐	—	—	—	—	—
石　粉	—	—	—	36.00	—

表 5-2　校正后拟选择的饲料营养成分表

饲料名称	饲料含水量（%）	粗蛋白质（%）	代谢能（兆焦/千克）	钙（%）	磷（%）
黄玉米	15	8.25	11.4160	0.08	0.20
棉籽饼	15	20.83	7.1839	0.78	0.64
胡麻饼	15	30.60	10.4500	0.54	0.71
玉米秸	15	5.61	8.4486	—	—
全株玉米青贮	15	6.04	7.1128	0.37	0.22
食　盐	—	—	—	—	—
石　粉	—	—	—	36.00	—

　　第三步,根据经验列出饲料配方的草案,并经过试算,结果如表5-3。

表 5-3　饲料配方草案

饲料名称	配比（%）	粗蛋白质（%）	代谢能（兆焦/千克）	钙（%）	磷（%）
黄玉米	55.0	4.5375 *	6.2788	0.044	0.110
棉籽饼	10.0	2.0830	0.7184	0.078	0.064
胡麻饼	9.0	2.7540	0.9405	0.049	0.064
玉米秸	20.0	1.1220	1.6897		
全株玉米青贮	5.0	0.3020	0.3556	0.019	0.011
食　盐	0.5	—			
石　粉	0.5	—		0.18	
合　计	100.00	10.7967	9.9830	0.37	0.249

　　* 4.5357 由黄玉米粉每千克含有蛋白质 8.25 和配合饲料配方中黄玉米的百分数相乘而得,即 8.25×55.0% = 4.5357;6.2788 是由黄玉米代谢能含量和配合饲料配方中黄玉米的百分数相乘而得,即 11.416×55% = 6.2788。其余类推

经过第一次试算,粗蛋白质水平低于原设计要求0.1%,代谢能比设计要求低0.117,钙、磷的比例尚可。因此,要进行适当的调整,提高粗蛋白质和代谢能水平。调整后经过试算,结果见表5-4。

表 5-4 调整后的饲料配方

饲料名称	配比(%)	粗蛋白质(%)	代谢能(兆焦/千克)	钙(%)	磷(%)
黄玉米	59.0	4.8675	6.7354	0.047	0.118
棉籽饼	10.0	2.0830	0.7184	0.078	0.064
胡麻饼	9.0	2.7540	0.9405	0.049	0.064
玉米秸	17.0	0.9357	1.4363	—	—
全株玉米青贮	4.0	0.2416	0.2845	0.015	0.009
食　盐	0.5				
石　粉	0.5			0.18	
合　计	100.00	10.8818	10.11	0.369	0.255

经过第二次试算,配合饲料中含有代谢能为10.11兆焦/千克,粗蛋白质水平10.88%,钙、磷比例为1.45:1,基本符合设计要求。如果还未达到设计要求,则要进行第三次、第四次计算,直到达到设计指标要求。

第四步,上述计算时饲料的水分含量都校正为15%,但是实际喂牛时饲料的水分不会都是15%。因此,要把各种饲料的配比(份额)换算成饲料自然状态时的百分数。

(二)计算方法之二　根据下面提供的基础数据,编制肥育牛配合饲料配方。一群体重270千克左右的阉公牛处在肥育初期(无补偿生长)。要求日增重450~500克,普通型肥育,配合饲料粗蛋白质水平为10.2%,饲料以干物质(含水量0%)重为基础,混合饲料的能量水平为9.2048兆焦/千克。精饲料有黄玉米、棉仁饼,粗饲料有东北干羊草,矿物质饲料有石粉、食盐、骨粉。粗饲料在配合饲料中的比例为70%。计算步骤如下。

第一步,把体重270千克阉公牛在日增重450克生产水平时的营养需要(查附表3),以及拟选择的饲料名称及营养成分(查附表1),列于表5-5,表5-6。

表 5-5 阉牛的营养需要

干物质采食量 (千克/头·日)	代谢能 (兆焦/千克)	粗蛋白质(%)	钙(%)	磷(%)
6.4	9.2048	10.2	0.38	0.24

第二步,先计算粗饲料70%羊草所含有的营养物质量。

代谢能含量(兆焦/千克):$7.9914 \times 70\% = 5.5940$;

粗蛋白质含量(%):$8.1 \times 70\% = 5.67$;

钙的含量(%):$0.4 \times 70\% = 0.28$;

磷的含量(%):$0.2 \times 70\% = 0.14$。

表 5-6 拟选择的饲料名称及营养成分表

饲料名称	干物质含量 (%)	代谢能 (兆焦/千克)	粗蛋白质 (%)	钙 (%)	磷 (%)
黄玉米	88.4	13.8909	9.7	0.02	0.24
棉仁饼	88.3	11.2131	44.6	0.26	2.28
羊草	91.6	7.9914	8.1	0.40	0.20
石粉	100.0	—	—	36.00	—
骨粉	95.0	—	—	22.00	11.00
食盐	—	—	—	—	—

第三步,再计算要达到设计要求,应从精饲料中补充的各种营养物质数量。

代谢能量(兆焦):$9.2048 - 5.5940 = 3.6108$;

粗蛋白质量(%):$10.2 - 5.67 = 4.53$;

钙(%):$0.38 - 0.28 \doteq 0.10$;

磷(%):$0.24 - 0.14 = 0.10$。

由于在设计中已规定在配合饲料中粗饲料的含量为70%,因此,配合饲料中精饲料的含量只能占30%。这30%

的精饲料要补充到配合饲料中,其营养物质中所含的代谢能为 3.6108 兆焦/千克,此时精饲料的代谢能含量只有达到 12.036 兆焦/千克(3.6108÷30%)才能满足要求。同理,推算出精饲料的粗蛋白质含量要达到 15.1%(4.53÷30%)时才能满足要求。钙、磷的含量也以此类推,结果如下。

30% 的精饲料应含有代谢能 12.036 兆焦/千克,粗蛋白质 15.1%,钙 0.33%,磷 0.33%。

第四步,先求出黄玉米粉和棉仁饼在精饲料部分的比例,可用方形法的方法求出来。

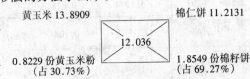

黄玉米 13.8909   棉仁饼 11.2131

12.036

0.8229 份黄玉米粉   1.8549 份棉籽饼
(占 30.73%)   (占 69.27%)

黄玉米在黄玉米和棉仁饼中的比例为:

$$黄玉米(\%) = 0.8229 \div (0.8229 + 1.8549) \times 100\% = 30.73\%$$

棉仁饼的比例为:

$$棉仁饼(\%) = 100\% - 30.73\% = 69.27\%$$

第五步,计算精饲料(黄玉米、棉仁饼)中的营养物含量,列演算式如表 5-7。

表 5-7　精饲料的营养成分

饲料名称	代谢能(兆焦/千克)	粗蛋白质(%)	钙(%)	磷(%)
黄玉米	13.8909×69.27%=9.6220	9.7×69.27%=6.7192	0.02×69.27%=0.0139	0.24×69.27%=0.1662
棉仁饼	11.2131×30.73%=3.4458	44.6×30.73%=13.7056	0.26×30.73%=0.0799	2.28×30.73%=0.7006
合计	13.0678	20.4248	0.0938	0.8668

第六步,与原设计要求进行比较,也列成演算式如表 5-8。

表 5-8　初拟饲料配方的营养成分值

饲料名称	代谢能 (兆焦/千克)	粗蛋白质 (%)	钙(%)	磷(%)
70%粗饲料	5.5940	5.67	0.28	0.14
30%精饲料	13.0673 ×30% =3.9203	20.4248 ×30% =6.1274	0.0938 ×30% =0.02814	0.8668 ×30% =0.2604
合计	9.5143	11.7947	0.3081	0.4004
与设计要求比较	+0.2143	+1.5947	-0.0719	+0.1604

第七步,第六步计算结果表明,粗蛋白质数量超过设计要求较多,代谢能也有少量超过设计量。因此,要在基本保持代谢能变动不大的前提下,降低粗蛋白质比例。配方中棉仁饼含有粗蛋白质量较高,而羊草含有粗蛋白质较少,用羊草替代棉仁饼可以达到降低粗蛋白质量的要求。当用干羊草替代棉仁饼时,每用 1% 的干羊草替代棉仁饼,便能降低粗蛋白质 0.365%[(44.6% - 8.1%)×1%],现在多余了 1.65%,则应该用 4.5%(1.65% ÷ 36.5% × 100%)的干羊草去替代棉仁饼,才能达到设计要求。列出演算式如表 5-9。

表 5-9   调整后的饲料配方营养成分值

饲 料 名 称	代谢能 (兆焦/千克)	粗蛋白质 (%)	钙 (%)	磷 (%)
黄玉米 69.27% × 30% = 20.78%	2.8667	2.02	0.0041	0.0495
棉籽饼 (30.73% × 30%) - 4.5% = 4.72%	0.5292	2.12	0.0127	0.1113
羊 草 70% + 4.5% = 74.5%	5.9536	6.03	0.298	0.149
合 计	9.3495	10.17	0.3148	0.3098

第八步,从第七步调整后的运算结果看,代谢能、粗蛋白质及钙、磷含量在配合饲料配方中的比例基本已经达到设计要求。如再想进一步精确,可以增加石粉提高钙的比例(0.2%)和增加食盐(0.3%),此两项共增加0.5%,均由羊草中扣除,获得在干物质条件下的饲料配方(表5-10)。

表 5-10   调整钙后的饲料配方营养成分指标

饲料名称	配 比 (%)	代谢能 (兆焦/千克)	粗蛋白质 (%)	钙 (%)	磷 (%)
黄玉米	20.62	2.8667	2.02	0.0041	0.0495
棉仁饼	4.88	0.5292	2.12	0.0127	0.1113
干羊草	74.00	5.9536	6.03	0.2960	0.1480
石 粉	0.20	—	—	0.0720	—
食 盐	0.30	—	—	—	—
合 计	100.00	9.3495	10.17	0.3848	0.3088

第九步,在实践的饲料配合工作中是不能用干物质重为基础的,而应该将饲料配方以干物质重为基础的比例还原到饲料的自然重为基础,这样的比例才能在生产实际中应用(表

5-11)。

表 5-11　调整为自然重后的饲料配合比例

饲料名称	干物质重为基础时在配合饲料配方中的份额(%)	自然重为基础时在配合饲料配方中占有的份额(%)
黄玉米粉	20.62÷88.4=23.33	23.33÷110.25%=21.16
棉仁饼	4.88÷88.3=5.53	5.53÷110.25%=5.01
干羊草	74.00÷91.6=80.79	80.79÷110.25%=73.27
石　粉	0.2	0.20÷110.25%=0.18
食　盐	0.3	0.30÷110.25%=0.27
合　计	110.25	100.00

最后,列出体重 270 千克阉公牛肥育初期的饲料配方为:黄玉米粉 21.16%,棉仁饼 5.01%,干羊草 73.27%,石粉 0.18%,食盐 0.27%。

(三) 计算方法之三　在设计肉牛肥育期配合饲料配方时,肯定会遇到各种饲料的含水量不一致的问题。如青饲料含水量 80% 以上,青贮饲料含水量 60% 以上,酒糟含水量 60% 以上,啤酒糟含水量 80% 以上,精饲料含水量 14% 左右。如此含水量悬殊的饲料在设计饲料配方运算时非常繁琐复杂。为了简化运算,可以先将各种饲料的含水量校正到同一水平条件下再进行运算,当运算结束后再还原到自然含水量时的饲料比例。现举例说明如下。

某肉牛肥育牛场需要为一群体重 300 千克的阉公牛设计饲料配方,能提供的饲料品种有玉米全株青贮、黄玉米、棉籽饼、白酒糟、小麦秸、食盐和石粉。要求设计的配合饲料配方的标准是:维持净能 7.238 兆焦/千克,增重净能 4.184 兆焦/千克,钙 0.23%,磷 0.17%,蛋白质水平为 13.3%(当时棉籽饼价格低廉,可用它替代部分黄玉米,故蛋白质水平较高)。
肥育肉牛每日增重 1 000 克。

第一步,在附表 1 中查出玉米全株青贮、黄玉米、棉籽饼、
白酒糟、小麦秸、食盐与石粉的营养成分,列表 5-12。

表 5-12　配方饲料原料的营养成分

饲料名称	饲料中干物质(%)	干物质中营养物质含量					
		粗蛋白质(%)	代谢能(兆焦/千克)	维持净能(兆焦/千克)	增重净能(兆焦/千克)	钙(%)	磷(%)
玉米全株青贮	25.0	6.0	8.4935	5.0208	2.1757	—	—
黄玉米	88.0	9.7	13.8909	9.6650	6.2342	0.02	0.24
棉籽饼	84.4	24.5	8.4517	4.9790	2.0920	0.92	0.75
白酒糟	20.7	24.7	12.7194	8.3680	5.5647	—	—
小麦秸	89.6	6.3	6.9036	4.1422	0.3766	0.06	0.07
石　粉	100.0	—	—	—	—	36.00	—
食　盐	100.0	—	—	—	—	—	—

第二步　依据自己的实践经验,提出上述饲料在配合饲
料中的比例方案,并列出演算结果如表 5-13。

第三步,经过第一次计算后可以看到,依据经验列出的配
合饲料配方比例没有达到设计的要求,因此,要调整各种饲料
的比例。同时,也看到维持净能量和增重净能量离设计要求
的数量有较大距离,要设法提高配方中维持净能和增重净能。
较简单的办法是:在黄玉米、小麦秸和棉籽饼 3 种饲料中进
行增减,再列出演算结果如表 5-14。

表 5-13　初拟饲料配方的营养成分值

饲料名称	饲料中的干物质（%）	配合饲料中的量(干物质)			实际饲喂时	
		%	维持净能（兆焦/千克）	增重净能（兆焦/千克）	份　额	%
玉米青贮	25.0	30	1.5062 *	0.6527		
黄玉米	88.0	27	2.6096	1.6832		
棉籽饼	84.4	15	0.7468	0.3138		
白酒糟	20.7	23	1.9246	1.2799		
小麦秸	89.6	5	0.2071	0.0188		
石　粉	100.0	—				
食　盐	100.0	—				
合　计		100	6.9944	3.9484		

　　* 1.5062 由全株青贮玉米料在拟定中的比例(30%)乘以该饲料绝对干重时的维持净能的含量，即 30%×5.0208＝1.5062；同理 0.6527 由 30%×2.1757 而得，其余类推

表 5-14　调整后的饲料配方营养成分值

饲料名称	饲料中的干物质（%）	配合饲料中的量(干物质)			实际饲喂时	
		配合比例（%）	维持净能（兆焦/千克）	增重净能（兆焦/千克）	份额（%）	自然重时的配合比例（%）
青贮玉米	25.0	30.0	1.5062	0.6527	120 *	120%÷283.59%＝42.3
黄玉米粉	88.0	32.0	3.0928	1.9949	36.36	36.36%÷283.59%＝12.8
棉籽饼	84.4	12.0	0.5975	0.2510	14.22	14.22%÷283.59%＝5.0
白酒糟	20.7	23.0	1.8995	1.2631	109.66	109.66%÷283.59%＝38.7
小麦秸	89.6	3.0	0.1243	0.01130	3.35	3.35%÷283.59%＝1.2
石　粉	100.0	—	—	—	—	—
食　盐	100.0	—	—	—	—	—
合　计		100	7.2203	4.1731	283.59	100.00

　　* 120%的由来是全株玉米青贮饲料在日粮中的比例和该饲料的干物质(%)相除而得，即 30%÷25%＝120%，其余类推

经过第二次演算,维持净能和增重净能在饲料配方中的比例已接近设计要求。如果要进一步精细,可以再调整各种饲料的比例,直到满意为止。

第四步,在原演算表中增加粗蛋白质、钙、磷的比例。增加这些比例后,看看是否符合设计要求,如高或低于设计要求,再进行调整,直到符合设计要求为止。列演算结果如表5-15。

表 5-15 调整粗蛋白质、钙、磷后饲料配方营养成分值

饲料名称	饲料中干物质(%)	配合饲料中的量(以干物质为基础)						实际饲喂时	
		配比(%)	维持净能(兆焦/千克)	增重净能(兆焦/千克)	粗蛋白质(%)	钙(%)	磷(%)	份额(%)	自然重时的配合比例(%)
玉米青贮	25.0	30.0	1.5062	0.6527	1.800	—	—	120.00米	42.3
黄玉米	88.0	32.0	3.0928	1.9949	3.104	0.0064	0.0768	36.36	12.8
棉籽饼	84.4	12.0	0.5975	0.2510	2.940	0.1440	0.0090	14.22	5.0
白酒糟	20.7	22.6	1.8912	1.2577	5.582			109.10	38.3
小麦秸	89.6	3.0	0.1243	0.0113	0.001	0.0018	0.0021	3.35	1.2
石 粉	100.0	0.3				0.1080		0.10	0.3
食 盐	100.0	0.1							0.1
合 计		100.0	7.2270	4.1677	13.43	0.2266	0.1689	283.51	100

＊玉米青贮饲料的份额计算为30%÷25%＝120%,其余类推

经过上述一系列的运算,配合饲料配方已经确定。但是能否达到设计要求(主要指肥育牛的增重),可以用以下方法来检验。

体重300千克的阉公牛要达到日增重1 000克时,每天采食的饲料干物质量为7.8千克(饲料自然重为22千克)。

查"肉牛营养需要"(附表2)得知,此时肥育牛每日用于维持需要的维持净能为23.2212兆焦,需要上述配合饲料为:

$$23.2213 \div 7.227 = 3.22(千克)$$

剩余的饲料用于增重:

$$7.8 - 3.22 = 4.58(千克)$$

设计的配合饲料中,每千克含有增重净能为4.1677兆焦。则肥育牛每天能获得的增重净能量为:

$$4.1677 \times 4.58 = 19.0881(兆焦)$$

19.0881兆焦的增重净能不能满足300千克体重阉公牛日增重1000克时的营养需要量?查:"肉牛营养需要"得知,300千克体重阉公牛日增重1000克时的营养需要量为17.9494兆焦,19.0881兆焦大于17.9494兆焦,因此,肥育牛在上述配合饲料配比条件下日增重达到1000克是有保证的。当300千克体重阉公牛日增重达到1100克时的营养需要量为19.9995兆焦,19.0881兆焦为19.9995兆焦的95.44%,因而可以估测,肥育牛群每天采食量达到7.8千克时,该肥育牛群的平均日增重可望达到1000~1100克。

三、电脑法

用电脑设计肥育牛的饲料配方,快捷方便,精确可靠,有条件者可以使用。现介绍较简单的一种用电脑编制肥育牛饲料配方的方法。

某肉牛肥育牛场有一群体重300千克的阉公牛即将开始肥育,需要设计饲料配方,能提供的饲料品种有玉米全株青贮、黄玉米、小麦麸、米糠、高粱糠、玉米酒精蛋白质饲料（DDGS）、棉籽饼、玉米秸、苜蓿草、秋白草、小麦秸、食盐和石粉。要求设计的配合饲料配方的标准是：每千克配合饲料（干物质为基础）中含有维持净能 7 兆焦，增重净能 4.21 兆焦，钙0.44%，磷 0.42%，粗蛋白质水平为 12%。肥育肉牛每日增重 900 克。

由于饲料的含水量差别很大，不同含水量的饲料设计饲料配方时的计算非常复杂。为了计算方便，先把饲料的含水量都校正到同一个水平，即饲料的含水量为零。因此，表 5-16 至表 5-21 中的维持净能、增重净能、钙、磷指标均为水分含量为零时的成分含量。

用电脑法设计肥育牛饲料配方的步骤如下。

第一步，打开电脑。

第二步，点击"开始"。

第三步，点击"所有程序"。

第四步，点击"microsoft Excel"，出现如表 5-16。

第五步，在表中填写表头栏目：A 项为饲料名称，B 项为干物质，C 项为经验配方，D 项为维持净能，E 项为计算值，F项为增重净能，G 项为计算值，H 项为蛋白质，I 项为计算值，J项为钙，K 项为计算值，L 项为磷，M 项为计算值，N 项为份额，O 项为实际喂料时自然状态下的饲料比例，P 项为实际喂料时自然状态下的饲料的干物质含量。还可以增加项目，如饲料价格等（表 5-17）。

第六步，填写饲料名称、干物质含量（%）、经验配方比例（%）、维持净能（兆焦/千克）、增重净能（兆焦/千克）、蛋白质（%）、钙（%）、磷（%），如表 5-18。

第七步，列出经验配方与饲料配方标准（每千克饲料中维持净能、增重净能、蛋白质、钙、磷),如表5-i9。

表 5-16　没有填写表头栏目的表格

	A	B	C	D	E	F	G	H	I
1									
2									
3									
4									
5									
6									
7									
8									
9									
10									
11									
12									
13									
14									
15									
16									
17									
18									

第八步,计算。

①维持净能计算。把鼠标点入 E 列 2 行,此时表的左上方出现"▼　fx ",点击键盘上"＝"键,左上方出现"▼　　×√.fx＝",在 E 列 2 行输入 C2 * D2/100,点击"√",E 列 2 行出现计算值,把鼠标点入 E 列 3 行,点击键盘上"＝"键,输入 C3 * D3/100,点击"√",E 列 3 行出现计算值(有的电脑把鼠标点入 E 列 2 行左上方出现"E2▼ ＝",在 E 列 2 行输入 C2 * D2/100 时,左上方出现"E2▼ X √ ＝"C2 * D2/100,点击√,右下方出现"输入▼ ＝"C2 * D2/100,点击"＝"键,下方

出现"编辑程序",左上方出现"▼X √ ＝"C2 * D2/100,计算结果:确定 取消,点击确定,E2 行出现计算结果)。

②增重净能计算。把鼠标点入 G 列 2 行,计算过程同维持净能的计算。计算值如表 5-20。

第九步,经过维持净能、增重净能、粗蛋白质的计算,三项指标中维持净能、增重净能没有达到设计要求,粗蛋白质高于设计要求。因此,其他项待调整配方比例后再计算。调整配方比例时,要提高维持净能、增重净能水平,降低粗蛋白质水平(表 5-21)。

第十步,经过第二次计算维持净能、增重净能指标仍未达到设计要求,粗蛋白质项指标超出设计要求,因此,要再次调整配方比例后再计算(提高增重净能、降低粗蛋白质水平)。在调整饲料比例时,从饲料成分表中可以看到,小麦秸、玉米秸和玉米青贮饲料粗蛋白质含量相差小,增重净能相差较大,减少小麦秸和玉米青贮饲料,增加玉米秸,减少棉籽饼,增加玉米,再计算如表 5-22。

第十一步,经过几次调整比例后计算,维持净能、增重净能、粗蛋白质指标都达到设计要求。此时,再进行钙、磷的计算,如表 5-23。

钙、磷含量符合设计要求(钙比磷 ＝ 1～2:1)

第十二步,计算实际饲喂时的比例。先计算份额(方法同表 5～15,但是必须运用电脑程序,和维持净能计算方法一样),还可以计算配合饲料的价格、配合饲料的干物质含量等。

在表 5-24 中,改动任何一个数据,整个表的数据会发生变化,因此,可以设计你所需要的饲料配方。

表 5-17 填写表头栏目的表格

A	B	C	D	E	F	G	H	I	J	K	L	M	N	O	P
饲料名称	干物质(%)	经验配力(%)	维持净能(兆焦/千克)	计算值	增重净能(兆焦/千克)	计算值	蛋白质(%)	计算值	钙(%)	计算值	磷(%)	计算值	份额(%)	饲喂比例(%)	饲喂时饲料中干物质(%)
2															
3															
4															
5															
6															
7															
8															
9															
10															
11															
12															
13															
14															
15															
16															
17															
18															
19															

表 5-18　配方选用的饲料名称及营养成分

	A 饲料名称	B 干物质(%)	C 经验配方(%)	D 维持净能(兆焦/千克)	E 计算值	F 增重净能(兆焦/千克)	G 计算值	H 粗蛋白质(%)	I 计算值	J 钙(%)	K 计算值	L 磷(%)	M 计算值	N 份额(%)	O 饲喂比例(%)	P 饲喂时饲料中干物质(%)
2	黄玉米	88.4		9.12		5.98		9.7		0.09		0.24				
3	小麦麸	89.9		6.69		4.31		16.3		0.06		0.21				
4	米糠	90.2		8.33		5.56		13.4		0.16		1.15				
5	高粱糠	91.1		8.28		5.52		10.5		0.05		0.89				
6	棉籽饼	84.4		4.98		2.09		24.5		0.92		0.75				
7	菜籽饼	92.2		7.74		5.15		39.5		0.79		1.03				
8	带穗玉米青贮	22.7		4.94		2.01		7.1		0.44		0.26				
9	苜蓿干草	87.7		5.31		2.68		20.9		1.68		0.22				
10	秋干草	85.2		4.31		0.84		8.0		0.48		0.36				
11	玉米秸	90.0		5.69		3.18		6.6		-		-				
12	稻草	85.0		4.18		0.50		3.4		0.11		0.05				
13	小麦秸	89.6		4.14		0.38		6.3		0.06		0.07				
14	食盐															
15	石粉															
16	计算值															
17	标准															

表 5-19 经验配方与饲料配方营养标准

饲料名称	干物质(%)	配合比(%)	维持净能(兆焦/千克)	计算值	增重净能(兆焦/千克)	计算值	蛋白质(%)	计算值	钙(%)	计算值	磷(%)	计算值	份额(%)	饲喂比例(%)	饲喂时饲料中干物质(%)
黄玉米	88.4	15	9.12		5.98		9.7		0.09		0.24				
小麦麸	89.9	5	6.69		4.31		16.3		0.06		0.21				
米糠	90.2	10	8.33		5.56		13.4		0.16		1.15				
高粱糠	91.1	10	8.28		5.52		10.5		0.05		0.89				
棉籽饼	84.4	5	4.98		2.09		24.5		0.92		0.75				
菜籽饼	92.2	6.4	7.74		5.15		39.5		0.79		1.03				
带穗玉米青贮	22.7	15	4.94		2.01		7.1		0.44		0.26				
苜蓿草	87.7	5	5.31		2.68		20.9		1.68		0.22				
秋干草	85.2	5	4.31		0.84		8.0		0.48		0.36				
玉米秸	90.0	18	5.69		3.18		6.6		-		-				
稻草	85.0		4.18		0.50		3.4		0.11		0.05				
小麦秸	89.6	5	4.14		0.38		6.3		0.06		0.07				
食盐		0.3													
石粉		0.3													
计算值			7.00		4.21		12.0		0.44		0.42				
标准															

表 5-20 经验配方营养成分值与配方营养标准比较表

	A 饲料名称	B 干物质(%)	C 配合比例(%)	D 维持净能(兆焦/千克)	E 计算值	F 增重净能(兆焦/千克)	G 计算值	H 蛋白质(%)	I 计算值	J 钙(%)	K 计算值	L 磷(%)	M 计算值	N 份额(%)	O 饲喂比例(%)	P 饲喂时饲料中干物质(%)
1	饲料名称	干物质(%)	配合比例(%)	维持净能(兆焦/千克)	计算值	增重净能(兆焦/千克)	计算值	蛋白质(%)	计算值	钙(%)	计算值	磷(%)	计算值	份额(%)	饲喂比例(%)	饲喂时饲料中干物质(%)
2	黄玉米	88.4	15	9.12	1.37	5.98	0.90	9.7	1.46	0.09		0.24				
3	小麦麸	89.9	5	6.69	0.33	4.31	0.22	16.3	0.82	0.06		0.21				
4	米糠	90.2	10	8.33	0.83	5.56	0.56	13.4	1.34	0.16		1.15				
5	高粱糠	91.1	10	8.28	0.83	5.52	0.55	10.5	1.05	0.05		0.89				
6	棉籽饼	84.4	5	4.98	0.25	2.09	0.11	24.5	1.23	0.92		0.75				
7	菜籽饼	92.2	6.4	7.74	0.50	5.15	0.33	39.5	2.53	0.79		1.03				
8	带穗玉米青贮	22.7	15	4.94	0.74	2.01	0.30	7.1	1.07	0.44		0.26				
9	苜蓿草	87.7	5	5.31	0.27	2.68	0.13	20.9	1.05	1.68		0.22				
10	秋干草	85.2	5	4.31	0.22	0.84	0.04	8.0	0.40	0.48		0.36				
11	玉米秸	90.0	18	5.69	1.02	3.18	0.57	6.6	1.19	–		–				
12	稻草	85.0		4.18		0.50		3.4		0.11		0.05				
13	小麦秸	89.6	5	4.14	0.21	0.38	0.02	6.3	0.32	0.06		0.07				
14	食盐		0.3													
15	石粉		0.3													
16	计算值				6.57		3.73		12.13							
17	标准			7.00		4.21		12.0		0.44		0.42				

· 115 ·

表 5-21 调整后的配方营养成分值与标准比较表

	A	B	C	D	E	F	G	H	I	J	K	L	M	N	O	P
1	饲料名称	干物质(%)	配合比例(%)	维持净能(兆焦/千克)	计算值	增重净能(兆焦/千克)	计算值	蛋白质(%)	计算值	钙(%)	计算值	磷(%)	计算值	份额(%)	饲喂比例(%)	饲喂时间料中干物质(%)
2	黄玉米	88.4	19	9.12	1.73	5.98	1.14	9.7	1.84	0.09		0.24				
3	小麦麸	89.9	5	6.69	0.33	4.31	0.22	16.3	0.82	0.06		0.21				
4	米 糠	90.2	10	8.33	0.83	5.56	0.56	13.4	1.34	0.16		1.15				
5	高粱糠	91.1	10	8.28	0.83	5.52	0.55	10.5	1.05	0.05		0.89				
6	稻籽饼	84.4	5	4.98	0.25	2.09	0.10	24.5	1.23	0.92		0.75				
7	菜籽饼	92.2	6.4	7.74	0.50	5.15	0.33	39.5	2.53	0.79		1.03				
8	带穗玉米青贮	22.7	14	4.94	0.69	2.01	0.28	7.1	0.99	0.44		0.26				
9	苜蓿草	87.7	5	5.31	0.27	2.68	0.13	20.9	1.05	1.68		0.22				
10	秋干草	85.2	5	4.31	0.22	0.84	0.04	8.0	0.40	0.48		0.36				
11	玉米秸	90.0	15	5.69	0.85	3.18	0.48	6.6	0.99	-		-				
12	稻 草	85.0		4.18	0.21	0.50		3.4		0.11		0.05				
13	小麦秸	89.6	5	4.14	0.21	0.38	0.02	6.3	0.32	0.06		0.07				
14	食 盐		0.3													
15	石 粉		0.3													
16	计算值				6.77		3.85		12.85		0.44		0.42			
17	标 准			7.00		4.21		12.0		0.44		0.42				

· 116 ·

表 5-22 第二次调整后的饲料配方营养成分值与标准比较表

	A 饲料名称	B 干物质(%)	C 配合比(%)	D 维持净能(兆焦/千克)	E 计算值	F 增重净能(兆焦/千克)	G 计算值	H 蛋白质(%)	I 计算值	J 钙(%)	K 计算值	L 磷(%)	M 计算值	N 份额(%)	O 饲喂比例(%)	P 饲喂时饲料中干物质(%)
2	黄玉米	8.4	21	9.12	1.92	5.98	1.26	9.7	2.04	0.09		0.24				
3	小麦麸	89.9	5	6.69	0.33	4.31	0.22	16.3	0.82	0.06		0.21				
4	米糠	90.2	12	8.33	1.00	5.56	0.67	13.4	1.61	0.16		1.15				
5	高粱糠	91.1	11.5	8.28	0.95	5.52	0.63	10.5	1.21	0.05		0.89				
6	棉籽饼	84.4	3	4.98	0.15	2.09	0.06	24.5	0.74	0.92		0.75				
7	菜籽饼	92.2	6.4	7.74	0.50	5.15	0.33	39.5	2.53	0.79		1.03				
8	带穗玉米青贮	22.7	12	4.94	0.59	2.01	0.24	7.1	0.85	0.44		0.26				
9	苜蓿草	87.7	2	5.31	0.11	2.68	0.05	20.9	0.42	1.68		0.22				
10	秋白草	85.2	2	4.31	0.09	0.84	0.02	8.0	0.16	0.48		0.36				
11	玉米秸	90.0	22.5	5.69	1.28	3.18	0.76	6.6	1.49	-		-				
12	稻草	85.0		4.18		0.50		3.4		0.11		0.05				
13	小麦秸	89.6	2	4.14	0.08	0.38	0.01	6.3	0.13	0.06		0.07				
14	食盐		0.3													
15	石粉		0.3													
16	计算值				7.00		4.21		12.0		0.44		0.42			
17	标准			7.00		4.21		12.0		0.44		0.42				

表 5-23 第二次调整后的饲料配方营养成分值（包括钙和磷）

	A	B	C	D	E	F	G	H	I	J	K	L	M	N	O	P
1	饲料名称	干物质含量（%）	配合比例（%）	维持净能（兆焦/千克）	计算值	增重净能（兆焦/千克）	计算值	蛋白质（%）	计算值	钙（%）	计算值	磷（%）	计算值	份额（%）	饲喂比例（%）	
2	黄玉米	88.4	21	9.12	1.92	5.98	1.26	9.7	2.04	0.09	0.019	0.24	0.050			
3	小麦麸	89.9	5	9.29	0.33	6.07	0.22	9.8	0.82	0.06	0.003	0.21	0.011			
4	米糠	90.2	12	8.33	1.00	5.56	0.67	13.4	1.61	0.16	0.019	1.15	0.138			
5	高粱糠	91.1	11.5	8.28	0.95	5.52	0.63	10.5	1.21	0.05	0.060	0.89	0.102			
6	棉籽饼	84.4	3	4.98	0.15	2.09	0.06	24.5	0.74	0.92	0.028	0.75	0.015			
7	菜籽饼	92.2	6.4	7.74	0.50	5.15	0.33	39.5	2.53	0.79	0.051	1.03	0.066			
8	带穗玉米青贮	22.7	12	4.94	0.59	2.01	0.24	7.1	0.85	0.44	0.053	0.26	0.031			
9	苜蓿草	87.7	2	5.31	0.11	2.68	0.05	20.9	0.42	1.68	0.034	0.22	0.004			
10	秋干草	85.2	2	4.31	0.09	0.84	0.02	8.0	0.16	0.48	0.010	0.36	0.007			
11	玉米秸	90.0	22.45	5.69	1.28	3.18	0.76	6.6	1.49	-		-				
12	稻草	85.0		4.18	0.50	0.50		3.4		0.11		0.05				
13	小麦秸	89.6	2	4.14	0.08	0.38	0.01	6.3	0.13	0.06		0.07				
14	食盐		0.2													
15	石粉		0.45							36.0	0.162		0.424			
16	计算值			7.00	7.00	4.21	4.21		12.0		0.439		0.424			
17	标准			7.00		4.21		12.0		0.44		0.42				

表 5-24　各种饲料实际饲喂比例表

	A	B	C	D	E	F	G	H	I	J	K	L	M	N	O	P
1	饲料名称	干物质(%)	配合比例(%)	维持净能(兆焦/千克)	计算值	增重净能(兆焦/千克)	计算值	蛋白质(%)	计算值	钙(%)	计算值	磷(%)	计算值	份额(%)	饲喂比例(%)	
2	黄玉米	88.4	21	9.12	1.92	5.98	1.26	9.7	2.04	0.09	0.019	0.24	0.050	23.75	15.7	
3	小麦麸	89.9	5	9.29	0.33	6.07	0.22	9.8	0.82	0.06	0.003	0.21	0.011	5.56	3.67	
4	米糠	90.2	12	8.33	1.00	5.56	0.67	13.4	1.61	0.16	0.019	1.15	0.138	13.35	8.84	
5	高粱糠	91.1	11.5	8.28	0.95	5.52	0.63	10.5	1.21	0.05	0.060	0.89	0.102	12.62	8.35	
6	棉籽饼	84.4	3	4.98	0.15	2.09	0.06	24.5	0.74	0.92	0.028	0.75	0.015	3.55	2.35	
7	菜籽饼	92.2	6.4	7.74	0.50	5.15	0.33	39.5	2.53	0.79	0.051	1.03	0.066	6.94	4.58	
8	带穗玉米青贮	22.7	12	4.94	0.59	2.01	0.24	7.1	0.85	0.44	0.053	0.26	0.031	52.86	34.97	
9	苜蓿草	87.7	2	5.31	0.11	2.68	0.05	20.9	0.42	1.68	0.034	0.22	0.004	2.28	1.51	
10	秋干草	85.2	2	4.31	0.09	0.84	0.02	8.0	0.16	0.48	0.010	0.36	0.007	2.35	1.55	
11	玉米秸	90.0	22.45	5.69	1.28	3.18	0.76	6.6	1.49	–		–		24.94	16.51	
12	稻草	85.0		4.18		0.50		3.4		0.11		0.05				
13	小麦秸	89.6	2	4.14	0.08	0.38	0.01	6.3	0.13	0.06		0.07		2.23	1.47	
14	食盐		0.2											0.2	0.20	
15	石粉		0.45							36.0	0.162			0.45	0.30	
16	计算值				7.00		4.21		12.0		0.439		0.424	151.08		
17	标准				7.00		4.21		12.0		0.44		0.42			

第三节　肉牛肥育期配合饲料配方示例

以下的配合饲料配方是根据肥育牛不同饲养阶段设计的,也是笔者在肉牛肥育实践中曾经使用过并获得过较好效益的配方。

一、体重300千克架子牛过渡期饲料配方

架子牛在肥育开始前有一短暂的过渡期(也称为适应期),时间为5天左右。在过渡期架子牛配合饲料以青贮饲料、干粗饲料为主,使架子牛在较短时间内适应新的生活环境条件。架子牛过渡期配合饲料配方示例如表5-25。

表 5-25　架子牛过渡期配合饲料配方示例

饲料名称	配方一	配方二	配方三	配方四	配方五
玉米(%)	20.6	8.5	14.3	4.7	—
棉籽饼(%)	13.9	—	13.2	—	3.6
玉米胚芽饼(%)	—	20.9	—	14.8	—
麦麸(%)	—	—	—	—	9.7
甜菜干粕(%)	6.9				
玉米酒精蛋白料(湿,%)	—	15.1	—	15.3	—
玉米酒精蛋白料(干,%)	—	—	—	5.4	10.1
全株玉米青贮饲料(%)	45.0	48.3	49.0	36.1	43.1
苜蓿(%)	—	—	—	—	8.2
玉米秸(%)	13.6	—	23.5	15.8	18.1
玉米皮(%)	—	4.5	—	5.0	6.8
小麦秸(%)	—	3.2	—	2.4	—

饲料名称	配方一	配方二	配方三	配方四	配方五
添加剂(%,外加)	1.0	1.0	1.0	1.0	1.0
食盐(%)	0.2	0.2	0.2	0.2	0.2
石粉(%)	0.3	0.4	0.3	0.3	0.2
维持净能(兆焦/千克)	6.14	7.32	6.39	6.19	5.77
增重净能(兆焦/千克)	3.64	1.09	3.73	3.68	3.26
粗蛋白质(%)	11.40	13.70	11.00	14.40	14.7
钙(%)	0.46	0.44	0.40	0.37	0.58
磷(%)	0.32	0.36	0.34	0.36	0.55
预计日采食量(千克,自然重)	13.1	12.0	13.70	13.7	14.5
预计日增重(克)	900	900	900	800	700

二、体重300~350千克架子牛饲料配方

体重300千克架子牛经过过渡饲养以后,立即进入肥育期饲养,肥育期肉牛饲料配方示例如表5-26。

表 5-26 体重300~350千克架子牛肥育期配合饲料配方示例

饲料名称	配方一	配方二	配方三	配方四	配方五
玉米(%)	31.2	18.4	17.3	21.1	16.9
玉米胚芽饼(%)	—	13.2	14.1	—	15.4
棉籽饼(%)	6.4	—	—	9.4	2.3
棉籽(%)	3.4	—	—	—	—
玉米酒精蛋白料(湿,%)	—	18.6	15.0	—	—
玉米酒精蛋白料(干,%)	—	—	—	—	10.7
全株玉米青贮饲料(%)	44.1	27.0	40.0	50.0	34.1

饲料名称	配方一	配方二	配方三	配方四	配方五
玉米秸(%)	3.4	10.7	10.6	18.0	7.0
玉米皮(%)	—	4.4	1.5	—	12.0
小麦秸(%)	—	6.2	—	—	—
甜菜干粕(%)	10.0	—	—	—	—
添加剂(%)	1.0	1.0	1.0	1.0	1.0
食盐(%)	0.2	0.2	0.2	0.2	0.2
石粉(%)	0.3	0.3	0.3	0.3	0.4
维持净能(兆焦/千克)	7.28	6.95	7.03	6.81	6.95
增重净能(兆焦/千克)	4.45	4.20	4.27	4.09	4.23
粗蛋白质(%)	11.0	12.8	12.96	10.4	14.31
钙(%)	0.37	0.33	0.38	0.34	0.37
磷(%)	0.32	0.30	0.32	0.31	0.37
预计日采食量(千克,自然重)	13.2	15.2	14.1	14.2	14.5
预计日增重(克)	1200	1000	1000	1000	1000

三、体重350~400千克架子牛饲料配方

体重350~400千克架子牛饲料配方示例如表5-27。

表 5-27　体重350~400千克架子牛饲料配方示例

饲料名称	配方一	配方二	配方三	配方四	配方五
玉米(%)	26.4	30.7	31.2	34.0	46.4
麦麸(%)	—	—	—	2.9	—
玉米胚芽饼(%)	—	—	—	2.0	—
棉籽饼(%)	7.2	9.8	7.0	3.6	7.7

饲料名称	配方一	配方二	配方三	配方四	配方五
棉籽(%)	3.6	3.3	3.5	—	2.3
菜籽饼(%)	3.6	—	—	—	—
玉米酒精蛋白料(干,%)	—	—	—	18.0	—
全株玉米青贮饲料(%)	41.0	48.4	44.0	—	32.0
甜菜干粕(%)	7.0	—	13.6		11.0
玉米秸(%)	10.7	7.4		19.3	4.7
苜蓿草(%)	—	—	—	5.0	—
玉米皮(%)	—	—	—	14.7	—
维持净能(兆焦/千克)	6.94	7.27	7.31	7.24	7.81
增重净能(兆焦/千克)	4.25	4.46	4.47	4.44	4.86
粗蛋白质(%)	12.55	11.20	11.20	14.20	10.95
钙(%)	0.39	0.34	0.39	0.39	0.39
磷(%)	0.37	0.32	0.33	0.36	0.37
预计日采食量(千克,自然重)	14.8	15.9	15.2	15.5	13.6
预计日增重(克)	1000	1100	1100	1100	1200

四、肉牛肥育后期饲料配方

肉牛肥育后期配合饲料配方示例如表 5-28。

表 5-28　肉牛肥育后期饲料配方示例

饲料名称	配方一	配方二	配方三	配方四	配方五
玉米(%)	40.7	35.9	24.7	30.4	48.5
大麦(%)	8.0	—	—		8.6
棉籽饼(%)	8.1	—	—		6.0

饲料名称	配方一	配方二	配方三	配方四	配方五
玉米胚芽饼(%)	—	16.0	17.8	17.0	—
棉籽饼(%)	—	—	—	—	2.5
玉米酒精蛋白料(湿,%)	—	—	—	17.0	—
玉米酒精蛋白料(干,%)	—	7.2	4.1	—	—
全株玉米青贮饲料(%)	26.0	25.1	32.6	18.0	21.0
甜菜干粕(%)	16.0	—	—	—	12.2
苜蓿草(%)	—	4.6	—	—	—
玉米秸(%)	—	2.6	9.2	9.0	—
小麦秸(%)	—	—	—	5.0	—
玉米皮(%)	—	7.3	10.0	1.8	—
添加剂(%)	1.0	1.0	1.0	1.0	1.0
食盐(%)	0.2	0.3	0.2	0.3	0.2
石粉(%)	—	0.55	0.4	0.5	—
维持净能(兆焦/千克)	7.67	7.66	7.28	7.53	7.86
增重净能(兆焦/千克)	4.71	4.77	4.56	4.69	4.94
粗蛋白质(%)	10.7	13.46	12.60	12.90	10.7
钙(%)	0.34	0.35	0.40	0.32	0.34
磷(%)	0.28	0.33	0.35	0.31	0.31
预计日采食量(千克)	14.3	14.5	15.1	16.5	13.6
预计日增重(克)	1200	1200	1100	1000	1300

表 5-25 至 5-28 的说明: ①肉牛营养需要参见美国肉牛国家研究委员会(NRC)标准;②饲料营养成分参见附表一"肉牛常用饲料成分表";③如肉牛采食量大于表中预计数时,日增重可高于表中预计数,采食量小于表中预计数时,肉牛日增重小于表中预计数;④我国黄牛的采食量、增重量要低于"NRC"标准;⑤在实际应用时要考虑饲料的含水量;⑥在实际应用时要考虑饲料杂质的含量

第四节　精饲料与粗饲料的比例

肉牛配合饲料中精饲料与粗饲料的比例是否合适,既影响肥育牛的采食量,又影响肥育牛的增重,以及饲养成本。因此,在设计肥育牛的饲料配方时,要十分注意精饲料与粗饲料的比例。据美国研究结果认为,肥育牛饲料配方中精饲料与粗饲料比例的禁忌点是精饲料和粗饲料的比例各占50%(饲料转化效率下降)。因此,在设计肥育牛饲料配方时,尽量避开这个禁忌点。

肉牛在肥育期的全程(60→90→180→240天)中,可划分为2～3个阶段(在组织高档牛肉生产时,肥育时间不能少于150～180天,否则达不到目的)。现将不同肥育期内的精饲料粗饲料比例分列于表5-29,表5-30,表·5-31,表5-32。

表 5-29　肥育期 240 天时精饲料粗饲料比例

阶　　段	天　　数	精饲料比例(%)	粗饲料比例(%)
过渡期	5	30	70
一般肥育期	130	60～70	40～30
催肥期	105	75～85	25～15

表 5-30　肥育期 180 天时精饲料粗饲料比例

阶　　段	天　　数	精饲料比例(%)	粗饲料比例(%)
过渡期	5	40	60
一般肥育期	75	70	30
催肥期	100	85	15

表 5－31   肥育期 90 天时精饲料粗饲料比例

阶　段	天　数	精饲料比例(%)	粗饲料比例(%)
过渡期	5	40	60
催肥期	85	80	20

表 5－32   肥育期 60 天时精饲料粗饲料比例

阶　段	天　数	精饲料比例(%)	粗饲料比例(%)
过渡期	5	40	60
催肥期	55	85	15

第六章　肉牛肥育饲养

最近十几年我国的牛肉生产得到了长足发展,肉牛的饲养技术水平、肥育技术水平也得到了很大的提高。牛肉产量从 1985 年的二十几万吨增长到 2002 年的 580 多万吨。本书介绍了当今国内外较先进适用的肉牛饲养技术及肥育工艺技术。具体内容包括:架子牛过渡期饲养、肉牛肥育饲养技术、肉牛管理技术等。

第一节　架子牛过渡期饲养

一、架子牛恢复性饲养技术

笔者对 3 个牛场的 12 批 285 头架子牛,分别于到场后的第三天、第七天、第十五天、第三十天检测架子牛的体重,检测结果如表 6-1 所示。

表 6-1　架子牛过渡期体重变化　(单位:千克)

批　次	头　数	进栏重	3 天重	7 天重	15 天重	30 天重
1	84	305.9	–	–	313.0	328.6
2	94	378.0	–	369.7	370.6	–
3	12	427.8	408.9	415.5	407.3	–
4	11	366.9	354.6	362.5	361.3	–
5	12	303.3	292.7	286.7	295.5	–
6	11	387.3	368.7	377.6	378.0	–
7	10	321.2	326.7	324.6	323.9	343.3
8	11	248.8	242.9	237.4	238.3	255.8
9	11	244.6	253.6	254.1	253.2	276.1
10	10	416.9	416.5	–	434.0	448.6
11	10	257.0	254.0	–	264.0	270.0
12	9	310.1	–	–	322.7	333.7

从表 6-1 的资料可以看到,有的批次的牛运到肥育场后很快恢复到运输前体重,有的批次恢复较慢。各批次间架子牛体重的恢复差异很大。

(一)架子牛过渡期内增重不理想的原因分析 ①大部分从贩牛人手中购买的牛,贩牛人在牛出售前几小时大量饲喂精饲料,造成牛过度采食而引发胃肠病;②贩牛人在牛出售前几小时大量灌水,伤及胃肠;③运输时应激反应;④架子牛进肥育场后管理未到位。

2002 年 5 月至 2003 年 4 月,作者对不同品种牛定期进行了测定,结果如表 6-2。

表 6-2 不同品种牛入场后的体重变化。(单位:千克)

项 目	利鲁杂牛 (179 头)	西鲁杂牛 (89 头)	夏鲁杂牛 (37 头)	鲁西牛 (118 头)
收购体重	386.0 ± 41.2			
入场体重	342.0 ± 53.7	396.0 ± 34.9	411.0 ± 45.9	347.9 ± 46.7
入场 30 天体重	367.1 ± 60.4	432.5 ± 39.6	434.0 ± 48.6	352.3 ± 51.1
入场 60 天体重	395.9 ± 64.2	465.5 ± 46.5	455.0 ± 56.0	395.6 ± 57.8
入场 90 天体重	421.4 ± 80.0	507.6 ± 49.1	484.0 ± 59.6	420.8 ± 57.0
入场 120 天体重	449.6 ± 84.5	537.4 ± 43.8	543.9 ± 70.3	455.4 ± 44.7
入场 150 天体重	499.3 ± 52.2	–	–	–
入场 180 天体重	516.2 ± 49.5	–	–	–

从牛品种分析,架子牛入场后 30 天内增重都不理想。

(二)架子牛恢复期关键饲养技术 为了改变上述状况,笔者采取以下措施,收到了较好的效果。

1. 洗胃 用洗胃液(见本书第八章)将胃内食物尽早排

出。

2．健胃　洗胃后立即用健胃药健胃。

3．护理　经过洗胃健胃后要精心护理。供给充足饮水（饮水中加小麦麸 300～400 克，人工盐 100～150 克）。保持牛床干燥，有条件时可以铺垫草。牛场要保持环境安静。饲料喂量参考以下方案：

第一天与第二天，日粮以优质粗饲料、青贮饲料和麸皮为主，饲喂量（自然重）为牛体重的 3%～3.2%；第四天起，日粮中增加配合精饲料，每头每日 1.5～2 千克，饲料喂量（自然重）为牛体重的 3.5%～3.8%；第五天，日粮中精料比例占 25%～30%，日饲喂量（自然重）达体重的 4% 左右。

4．架子牛过渡期饲料配方　主要根据当地饲料供应情况选择与设计架子牛过渡期的饲料配方。

配方 1　优质野干草 2 千克，玉米秸秆 3 千克，青贮饲料 2 千克，小麦麸 1 千克，湿玉米酒精蛋白料 1～2 千克，食盐 15～20 克，健胃散 200～300 克。

配方 2　优质野干草 3 千克，玉米秸秆 2 千克，小麦秸秆 2 千克，小麦麸 1 千克，湿玉米酒精蛋白料 1～2 千克，食盐 15～20 克，健胃散 200～300 克。

配方 3　优质野干草 3 千克，玉米秸秆 3 千克，小麦麸 1.5 千克，湿玉米酒精蛋白料 1～2 千克，食盐 15～20 克，健胃散 200～300 克。

配方 4　优质野干草 3 千克，小麦秸秆 4 千克，小麦麸 1.5 千克，湿玉米酒精蛋白料 1～2 千克，食盐 15～20 克，健胃散 200～300 克。

配方 5　玉米秸秆 4 千克，小麦秸秆 3 千克，小麦麸 1.5 千克，湿玉米酒精蛋白料 1～2 千克，食盐 15～20 克，健胃散

200～300 克。

5．拌料饲喂　精饲料、粗饲料、青贮饲料、槽渣饲料、添加剂饲料等，要充分搅拌均匀后喂牛。个体养牛户，可将各种饲料（按饲料配方）放到饲料槽内，搅拌后喂牛。规模养殖户，可将各种饲料（按饲料配方）放在水泥池或水缸内，充分搅拌均匀后喂牛。规模养殖场，可将各种饲料（按饲料配方）放在水泥地上，充分搅拌均匀后喂牛。

每次配制混合饲料要现配现喂。夏季配制的混合饲料应在 1～2 小时内喂完，其他季节可稍长一些（以 4 小时为最长）。

二、架子牛恢复期的管理

（一）充分饮水　卸车后的第一次饮水应控制，饮 10～15 升（架子牛吸饮 1 口水的容积为 0.5～0.6 升）即可。特别是经过长途运输的牛一定要控制饮水量。间隔 3～4 小时后第二次饮水，可充分饮水。

（二）称重　第三或第五天个体称重 1 次，做好体重记录。

（三）做好记录　要做好每个围栏或一个群体的饲料采食量（日采食量）记录；做好防疫、驱虫等记录，注明防疫、投药时间、药剂量和操作人员姓名；注意观察牛粪尿，做好记录。

（四）防止架子牛相互爬跨格斗　陌生的架子牛合群后的几小时或几十小时内（围栏饲养），相互爬跨格斗是难免的。相互爬跨格斗极易造成伤残（腿伤、蹄伤、肩关节脱臼、膝关节脱臼）甚至死亡。据笔者的实践，采取以下一些办法可以减少或杜绝陌生架子牛的相互爬跨格斗。

第一，架子牛合群的时间选择在傍晚天将黑时。

第二,架子牛合群前把牛拴在一起 2~3 天,它们之间的距离以不能接触为限。

第三,将架子牛左右前腿系部用麻绳拴住,麻绳的距离为 30~35 厘米,防止牛起跳。

第四,将围栏上部用铁丝网封严,防止牛起跳。

第二节　肉牛肥育技术

肉牛肥育,按饲养方式可分为围栏肥育与拴系肥育;按肥育饲养时间可分为快速短期肥育与较长期肥育;按肥育饲养目标可分为高档牛肥育、优质牛肥育和普通牛肥育;按肥育饲养年龄可分为小年龄牛(0~6~8 月龄)肥育与老龄牛肥育;按肥育饲养体重大小可分为大架子牛(550~650 千克)肥育与小架子牛(小于 450 千克)肥育;按肥育饲养性别可分为阉公牛肥育、公牛肥育、母牛肥育和淘汰牛肥育,等等。

一、围栏肥育和拴系肥育

(一) 围栏肥育　围栏肥育适合于规模化肥育场(养牛大户、专业架子牛肥育场、国有或集体肥育牛场)。可以用有天棚舍饲围栏肥育,也可以无天棚露天舍饲围栏肥育。

1. 无天棚露天舍饲围栏肥育　我国中原地带土地较多,气候较干燥,可以设计无天棚露天舍饲围栏肥育牛场。每个围栏面积可大可小,大的可达 3 000 平方米,养牛 200 头;小的 150 平方米,养牛 10 头。不论每个围栏面积大小,每头牛占有围栏面积应为 12~15 平方米。

无天棚露天舍饲围栏肥育饲养场的地面多数为草地,草地有坡度 10°左右为好。

无天棚露天舍饲围栏肥育牛场的最大优势是投资少。

2.有天棚舍饲围栏肥育 有天棚舍饲围栏肥育饲养的每个围栏面积为40~60平方米,养牛10~15头,每头牛占有围栏面积4~5平方米。1头肥育牛占有面积和养牛成本的关系,笔者总结了一个设计存栏量为3 000头的肥育牛场的情况,围栏总面积12 800平方米,供参考(表6-3)。

表6-3 每头牛占有围栏面积与养牛成本比较

养牛数(头)	每头牛占有围栏面积 (平方米)	每头牛每天的费用 (元)
2200	5.82	4.52
2500	5.12	3.98
2900	4.41	3.43
3070	4.17	3.24

在总面积相同时,养牛数量越多,每头牛每天的费用就越低。

围栏肥育时饲养密度(每头牛占有的围栏面积)是否会引发肥育牛患病,表6-4的数据供参考。

表6-4 围栏肥育的饲养密度与健康状况统计表

项 目	例 一	例 二
牛围栏面积(平方米)	12280	12280
养牛量(头)	2474	1744
每头牛占有围栏面积 (平方米)	4.96	7.04
牛的淘汰数(头)	121	94
淘汰率(%)	4.89	5.39

上述材料说明,饲养密度稍大的,牛的淘汰率不一定是最高的。在有天棚围栏饲养条件下,每头肥育牛占地5平方米左右是可行的。

有天棚舍饲围栏肥育饲养场的地面有的为经过硬化处理的土地,有的为水泥地面,也有的为砖块地面。各地可因地制宜选材。地面必须有坡度(1°以上)。

无论无天棚露天舍饲围栏肥育,还是有天棚舍饲围栏肥育,肥育牛应在 24 小时内,可以任意采食饲料,任意饮水。

(二) 拴系肥育　拴系肥育时,每头肥育牛的牛头上拴一根 2 米左右长的绳子,喂饲料时将牛拴在牛围栏的柱子上。饮水槽的设置有的和饲料槽合二为一,有的单独设饮水槽。在前一种情况下,喂完饲料后即时给以饮水,在后一种情况下,喂完饲料后由饲养员牵牛饮水,饮水毕,将牛拴系在肥育牛休息地。

拴系肥育时,肥育牛每日喂饲料 2 次,饮水两次。拴系肥育方法基本上是一种限制肥育牛的采食和饮水的养牛方式。

拴系肥育时的牛舍牛栏设计,笔者建议采用两上两下或三上三下的方式。

1. 两上两下方式　将肥育牛分成两部分,第一部分牛拴系在食槽边采食饲料,第二部分牛拴系在水槽边饮水(有条件时可以铺设自动饮水器,自动饮水器参阅本书第九章),待第一部分牛采食结束后(肥育牛采食饲料的时间不少于 2 小时)和第二部分牛交换,第一部分牛饮水,第二部分牛采食饲料。这种饲养模式设计的优点是食槽、水槽的利用率提高了 1 倍,在同样大小的牛舍牛栏面积上,牛的饲养量增加了 1 倍。

2. 两上两下喂牛饮水作息时间　两上两下喂牛饮水作息时间安排见表 6-5。

表 6-5　两上两下喂牛饮水作息时间表

项　目		冬　季		夏　季	
		喂料时间	饮水时间	喂料时间	饮水时间
第一循环	第一部分牛	6时	8时	4时	6时
	第二部分牛	8时	10时	6时	8时
第二循环	第一部分牛	16时	18时	18时	20时
	第二部分牛	18时	20时	20时	22时

3．三上三下方式　将肥育牛分成三部分。第一部分牛拴系在食槽边采食饲料,第二、第三部分牛拴系在水槽边饮水;第一部分牛采食结束后(肥育牛每次采食饲料的时间不少于2小时)与第二部分牛交换,第一、第三部分牛饮水,第二部分牛采食;第二部分牛采食结束后与第三部分牛交换,第一、第二部分牛饮水,第三部分牛采食。这种饲养模式的优点是食槽、水槽的利用率提高了3倍,在同样大小的牛舍牛栏面积上牛的饲养量增加了3倍。

4．三上三下喂牛饮水作息时间　三上三下喂牛饮水作息时间安排见表6-6。

表 6-6　三上三下喂牛饮水作息时间表

项　目		冬　季		夏　季	
		喂料时间	饮水时间	喂料时间	饮水时间
第一循环	第一部分牛	5时	7时	4时	6时
	第二部分牛	7时	9时	6时	8时
	第三部分牛	9时	11时	8时	10时
第二循环	第一部分牛	15时	17时	16时	18时
	第二部分牛	17时	19时	18时	20时
	第三部分牛	19时	21时	20时	22时

二、快速短期肥育和较长期肥育

架子牛肥育期的长短是根据架子牛进入围栏时体重、体质、体况、肥育目标等确定的。体重大的肥育期短,体重小的肥育期则长。

一个规模肉牛肥育饲养场在实施生产前一定要做好计划。例如,计划4年内架子牛的肥育饲养能力达到预期设计量的100%。根据笔者的实践,第一饲养周期购买体重较大(400千克)的架子牛,进行较短时间的肥育饲养。这样做的目的,首先,可以培养饲养管理人才;其次,加快了牛场的资金周转;再次,还可以投石问路,了解屠宰企业对本场肉牛的评价,以利于总结经验,改进肥育饲养工作。第二饲养周期在购买体重较大的架子牛的同时再购买体重稍小(300~350千克)的架子牛。有了第一与第二饲养周期的实践经验后,再结合当时市场需要而决定购买体重较大的或较小的架子牛。购进体重不同的架子牛,要设计不同的肥育天数,根据笔者的实践经验,架子牛的平均肥育天数见表6-7。

表 6-7　架子牛的体重与平均饲养天数

架子牛体重(千克)	肥育天数	架子牛体重(千克)	肥育天数
200	300	350	150~180
250	240	400	90~100
300	180~200	450	60~70

在年肥育架子牛几千头、甚至几万头的牛场,购买的架子牛体重会大小不一,差别很大,此时养牛者除了要及时分群饲养外,更应主次分明,做好肥育饲养计划的安排。即:哪群牛应该快速短期肥育饲养,哪群牛适合于较长时间的肥育饲养。

(一)快速短期肥育　购进的架子牛一般体重都在300千克以上,但是个体大小差别较大,因此,肥育天数是不相同的。假定购进架子牛体重分别为400千克、350千克和300千克,则肥育期可分为90天、150天和200天(表6-8)。

表 6-8　架子牛肥育期期望增重目标

架子牛体重 (千克)	饲养肥育期 (天)	期望日增重目标 (千克)	期望肥育结束体重 (千克)
400	90	1.3	520
350	150	1.2	530
300	200	1.1	520

不同体重架子牛饲养肥育期分阶段的设计如表 6-9。

表 6-9　架子牛肥育期分阶段设计

架子牛体重(千克)	过渡期		肥育前期		肥育后期	
	饲养期 (天)	日增重 (克)	饲养期 (天)	日增重 (克)	饲养期 (天)	日增重 (克)
400	5	900	–	–	85	1100
350	5	900	75	1200	70	1150
300	5	900	100	1200	95	1100

（二）较长期肥育　由于购进的架子牛体重在 300 千克以下,这一档次体重的架子牛要在肥育期末达到出栏体重 520 千克以上,在较短时间内有一定的困难。因此,肥育期的设计在 200 天以上。架子牛的肥育期阶段设计如表 6-10。

表 6-10　架子牛肥育饲养期阶段设计

架子牛体重(千克)	过渡期		肥育前期		肥育后期	
	天　数	日增重 (克)	天　数	日增重 (克)	天　数	日增重 (克)
250	5	800	120	1100	100	1000
200	5	700	160	1100	100	1000
150	5	700	210	1050	120	1000

选择短期肥育还是长期肥育,决定于以下几个因素。

其一,养牛者的资金实力。资金力量雄厚时可选择长期肥育,生产高价(档)牛肉,以获得较高的经济效益。

其二,养牛者的经营方式。前店后场式(既养牛又屠宰加工牛肉,又开牛肉销售的连锁店,以及以牛肉为特色的餐馆)的经营模式,创名牌、品牌产品时,应进行长期肥育才能获得较高、较稳定的经济效益。

其三,养牛者的技术水平。养牛者自身或聘任的技术顾问的技术水平较高时应选择长期肥育,生产高价(档)牛肉,以获得较高的经济效益。

其四,养牛者拥有的市场信息。养牛者拥有的市场信息量(国内国际)越多,越能适应市场变化而选择短期肥育饲养还是长期肥育饲养。

其五,养牛者的经营之道。经营管理水平高、能力强的养牛者,选择长期肥育饲养,生产高价(档)牛肉,以获得较高的经济效益。

其六,气候条件。肥育牛生长发育最适宜的环境温度为7℃～27℃,因此,养牛者要考虑购买架子牛的时间。酷暑及严寒季节,肥育牛的生长速度会慢一些,这样的季节可以少养牛或设计日粮配方时能量浓度低一些,粗饲料多一些,而在其他季节多养牛。

其七,饲料价格。饲料价格上扬,牛肉价格稳定,养牛的利润空间很小,此时以短期肥育较好;如果饲料价格下跌,牛肉价格稳定,养牛的利润空间较大,此时以长期肥育较好。

三、高档肉牛、优质肉牛与普通肉牛肥育饲养

不管是肉牛的单纯肥育户或是肉牛肥育、屠宰联营户,都

要确定肉牛的肥育目标。肥育目标确定的依据是牛肉的消费市场,即牛肉消费者的需求。根据笔者的调查研究,当前绝大部分的养牛者不清楚或不十分清楚牛肉的市场消费数量、质量需求及牛肉的市场定位。因此,肉牛肥育目标比较模糊,甚至是盲目生产,这是当前肉牛屠宰企业优质肉牛收购量少的重要原因之一,也是我国目前肉牛生产尚未形成产业或产业势头不强劲的因素之一。当然,肉牛屠宰企业收购优质牛不能优价,屠宰后胴体修整时,过多地去掉应该属于胴体的部分,致使屠宰率偏低,养牛者损失太大,也是肉牛屠宰企业收不到优质牛的另一个更重要的原因。科技工作者有责任教会养牛者饲养优质牛的本领,并让肉牛饲养者充分了解和掌握屠宰企业收购肉牛的等级划分标准。同时,也希望屠宰企业在优质优价、胴体修整等方面给养牛者一些实惠。科技工作者、肉牛生产者和牛肉食品经营者应携手共同推进和振兴我国的肉牛产业。

我国目前还没有制定肉牛胴体、牛肉分级标准以及屠宰分割标准。笔者曾在我国东北肉牛带、中原肉牛带和草原肉牛带几十家屠宰企业(个体屠宰户)做过调查。汇总起来,大概可分为屠宰前活牛分类定级和屠宰后牛肉分等定级。

(一)**屠宰前活牛分类定级** 屠宰前活牛的分类定级很粗糙,仅分为阉公牛、公牛、母牛及能不能符合屠宰要求(体重、体质、体膘、体表面有无伤痕)。不作为肉牛最后定价的依据。

(二)**屠宰后牛肉分等定级** 屠宰后牛肉分等定级,一般分为四级:特级(S级)即高档牛肉,一级(A级)即优质牛肉,二级(B级)即普通牛肉,三级(C级)即等外级牛肉。现将笔者调查的分级定价标准归纳于表6-11。

表 6-11　屠宰牛分级标准

项　目	S 级	A 级	B 级	C 级
品　种	纯种牛*	纯种牛	要求不严	无要求
年龄(月龄)	< 36	< 36	< 48	≥48
性　别	阉公牛	阉公牛	阉公牛	不　严
屠宰前活重(千克)	≥580	≥530	≥480	≥350
胴体重(千克)	≥300	≥240	≥220	< 220
屠宰率(%)	≥52	≥52	≥50	< 50
背部脂肪厚(毫米)	≥15	≥10	< 10	光　板
脂肪颜色	白　色	白　色	微黄色	黄　色
胴体体表伤痕淤血	无	无	少　量	较　多
胴体体表脂肪覆盖率(%)	≥90	≥85	≥80	< 80
大理石花纹(1级最好)	丰富(1级)	较丰富(1,2级)	少量(3级)	无
产　地	"南牛"**	"南牛"	不　严	不　严

* 纯种牛指鲁西黄牛、晋南牛、秦川牛、南阳牛、延边牛、复州牛、郏县红牛、渤海黑牛、冀南黄牛、大别山牛、新疆褐牛、草原红牛

** "南牛"指长城以南的鲁西黄牛、晋南牛、秦川牛、南阳牛、郏县红牛、渤海黑牛、冀南黄牛、大别山牛

　　屠宰率 52% 为活牛作价的起步价,每增加或减少一个百分点,每千克活重加或减 0.15～0.2 元。屠宰率越高,牛卖出价就越高。所以,屠宰企业想尽各种办法最大限度地降低胴体重量,以较低的屠宰率计价,获得较高的利润。

　　(三)确定肥育目标　养牛者要根据屠宰企业对肉牛的收购价格、收购标准以及自身的实际情况组织肉牛的肥育饲养,肥育饲养目标大致可分为三类。

　　1. 高档肉牛肥育　高档肉牛肥育要点如下。

　　(1)肥育牛品种　生产高档(价)牛肉的牛品种,笔者认

为除去黑白花奶公牛、体型较小的品种牛(肥育结束体重小于450千克)以外(因为高价牛肉对单个肉块有重量要求)的我国纯种牛、杂交牛(父本除黑白花奶公牛及小型品种牛)都可以肥育饲养成高价牛肉。

(2) 肥育牛年龄　开始肥育年龄,纯种牛为16～30月龄,杂交牛为12～24月龄。

(3) 肥育牛性别　阉公牛。

(4) 肥育牛体重　在开始肥育的年龄内,体重越大越好。但是肥育结束时,体重应大于600千克。

(5) 肥育牛肥育期　参考本节二(饲养肥育时间)。肥育期的长短和开始时牛的膘情有关。

(6) 肥育牛的日粮组成　高能日粮(能量饲料的比例为40%以上),强度肥育时间90天以上。

2. 优质肉牛肥育　优质肉牛肥育的技术要点类同高档肉牛肥育,差别在于肥育结束后体重小,牛体内脂肪沉积少。

3. 普通肉牛肥育　适度肥育,肥育时间60～90天,牛肉质量较差。因此,对肥育牛的要求(如品种、年龄、体重、性别等)不严。

四、小龄牛肥育与老龄牛肥育

(一) 小龄牛肥育饲养　小龄牛肥育饲养中有一种称为"小牛肉或白牛肉生产",在当前我国"小牛肉或白牛肉生产"肥育饲养仅仅局限于大城市郊区或具备条件的个别地区,原因是生产条件苛刻。

1. 小龄肥育牛品种的选择　比较适合小龄牛肥育饲养的牛品种为黑白花奶公犊牛,前期生长发育速度高过其他品种牛。

小龄肥育牛一般选择初生到 6 ~ 8 月龄未去势公犊牛。初生体重应大于 30 千克。体质健壮,发育良好,结构匀称,无缺陷。

2. 饲养技术要点

(1) 饲养技术特点　饲料及饮水中严格控制铁元素含量,人为制造无铁元素日粮和饮水。

(2) 饲养　早期采用无铁元素代乳饲料,下面介绍几种代乳饲料。

① 丹麦代乳饲料:脱脂奶粉 60%,玉米粉 10%,油脂20%,乳清、矿物质和维生素 10%。

② 日本代乳饲料:脱脂奶粉 60% ~ 80%,鱼粉 5% ~10%,大豆饼 5% ~ 10%,油脂 5% ~ 10%。

③ 人工乳:鱼粉 5% ~ 10%,玉米或高粱 40% ~ 50%,麦麸或米糠 5% ~ 10%,亚麻饼 20% ~ 30%,油脂 5% ~10%。

(3) 饲喂方法　小牛肉或白牛肉生产的成败,关键在于犊牛有健壮的体格,能够快速的生长。为此,要给犊牛制定饲养计划。下面推荐丹麦畜牧工作者的经验饲养计划(表6-12)。

表 6-12　犊牛饲养计划

周　龄	代乳品(克/日)	水(升/日)	代乳品(克)
1	300	3	100
2	600	6	110
8	1800	12	145
12 ~ 14	3000	16	200

(4) 饲料温度　1 ~ 2 周龄的饲料温度 38℃左右,其他周

龄的饲料温度 30℃~35℃。

(5)管理技术 ①严格控制饲料及饮水中铁元素含量,水中铁元素最大含量是 0.5 毫克/升。②严禁牛接触泥土,为此牛围栏地面制成漏粪地板。③饮水充足。④每头牛每日采食干草量为 0.3~0.5 千克。

(二)老龄牛肥育 老龄牛主要指淘汰的种畜、役畜。

老龄牛通过肥育,达到提高牛肉品质的目的,没有很大意义。但是,老龄牛通过肥育达到提高经济价值,有一定的利润空间,这是我国黄牛的一大特长。

风靡我国餐桌上的肥牛火锅原料,相当一部分来自老龄牛肥育,因为老龄牛肥育时沉积脂肪的能力强,速度快。

老龄牛肥育饲养的要点是:肥育时间 60 天左右。选择营养价值高、易消化吸收的饲料。饲料组成以能量饲料、青贮饲料为主的高能日粮。饲料配方中维持净能、增重净能按日增重 1 千克左右设计。

老龄牛肥育的管理要点是尽量减少运动量,以拴系饲养较好。充分饮水,强度肥育,加强防疫保健措施,每天全身刷拭 1~2 次。保持健壮的体质。

五、小体重牛肥育和大体重牛肥育

肉牛肥育中,对于小体重牛(小于 450 千克)应与大体重牛(550~650 千克),采用不同的肥育方法。

(一)小体重牛肥育

1. 小型牛品种 如巫陵牛、雷琼牛、巴山牛、盘江牛、广丰牛、三江牛、峨边花牛、云南高峰牛和枣北牛等。

2. 小体重牛肥育的特点

第一,日粮组成以鲜青饲料、青贮饲料为主,适量搭配精饲料。

第二,采用直线肥育,18～24月龄肥育体重达到350～400千克。

第三,日粮的营养水平。小体重牛肥育饲养水平见表6-13。

表 6-13 小体重牛肥育饲养水平

体重(千克)	维持净能(兆焦/千克)	增重净能(兆焦/千克)
150	12.5～13.8	8.6～8.8(日增重 900 克)
200	16.5～17.2	10.6～10.8(日增重 900 克)
250	19.5～20.2	12.5～12.8(日增重 900 克)
300	22.5～23.2	12.6～12.8(日增重 800 克)
350	25.5～26.0	14.2～14.4(日增重 800 克)
400	27.5～28.5	13.5～13.7(日增重 700 克)

小体重牛肥育早期切忌日粮组成中能量水平过高。肥育牛体内脂肪过早沉积,不仅影响增重,还会影响个体发育。

(二) 大体重(550～650千克)牛肥育 大体重牛肥育饲养要掌握以下特点:

第一,日粮组成以精饲料为主,适量搭配鲜青饲料和青贮饲料。

第二,采用强度肥育,肥育期100～120天。

第三,尽量少运动。

第四,饮水充足。

第五,每头每天补喂小苏打(精饲料量的3%～5%)或瘤胃素200～300毫克。

六、阉公牛和公牛肥育饲养

(一) 公牛去势的方法

1. **手术去势(有血去势)** ①保定牛只(用民间倒牛法保

定)。②左手握住阴囊。③用碘酒消毒阴囊。④右手握刀。⑤用刀切开阴囊的下端，先取出一侧睾丸，再取出另一侧睾丸。⑥取出睾丸时，用左手掐住血管，用右手拇指和食指上下紧勒血管数次(不少于 5 次)，而后，割断血管。⑦用消炎粉一袋放入阴囊。⑧再次用碘酒消毒阴囊。⑨阴囊切开处不能缝合。⑩松开绑绳。

2. 无血去势

(1) 钳夹输精管　①保定牛只(站立式保定，牛的一侧靠住围栏或牛头拴系在木桩上)。②用小麻绳将阴囊勒住勒紧。③用碘酒消毒阴囊。④消毒去势钳。⑤一人握住阴囊，另一人用去势钳强力夹击输精管(精束)。在第一次夹击点的上下 2~3 厘米处再次强力夹输精管。⑥用碘酒消毒精束夹击处。⑦松开绑绳。

(2) 结扎输精管　①保定牛只(站立式保定，牛的一侧靠住围栏或牛头拴系在木桩上)。②用小麻绳将阴囊勒住勒紧。③用碘酒消毒阴囊。④消毒橡皮筋。⑤一人握住阴囊。⑥另一人用开张器将橡皮筋张开，并套在输精管(精束)上，取出开张器。⑦用碘酒消毒橡皮筋。⑧松开绑绳。

(3) 击碎睾丸　①保定牛只(站立式保定，牛的一侧靠住围栏或牛头拴系在木桩上)。②用小麻绳将阴囊勒住勒紧。③用碘酒消毒阴囊。④消毒去势钳。⑤一人握住阴囊一侧睾丸，另一人用去势钳强力夹击一侧睾丸，将一侧睾丸夹断，并用手将一侧睾丸捻碎(越碎越好)。再将另一侧睾丸夹断，并用手将睾丸捻碎(越碎越好)。⑥用碘酒消毒阴囊夹击处。⑦松开绑绳。

(4) 注射去势液　①配制去势液，称量碘化钾 15 克，加入蒸馏水 15 毫升，充分溶解后加入碘片 30 克，搅拌溶解后再加酒精(浓度为95%)直到100毫升。②站立式保定牛只,牛的一侧靠住围栏或牛头拴系在木桩上。③一人用手握住阴囊,用碘酒消毒阴囊;另一人用注射针扎入一侧睾丸,推进去势液(多点注射,一侧睾丸注射 2~3 个点,共注射 6~8 毫升);再用同样方法扎入另一侧睾丸,推进去势液。④碘酒消毒阴囊。⑤松开绑绳。

(二)各种去势方法的比较　上述 5 种公牛去势方法,去势去净率最高的是手术去势法和去势液去势法。并且,去势液去势法容易操作,对牛的刺激性最低,手术后恢复最快。而手术去势法对牛的刺激性最高,季节性最强,死亡率也高。

(三)阉公牛和公牛肥育饲养要点　见前述。

七、架子牛肥育饲养结束时体重

架子牛肥育饲养结束时体重的设定是根据屠宰企业收购肉牛的标准、市场价格预测、饲料成本、饲养成本和架子牛本身条件等因素决定的。一般情况如下:①240 天肥育期结束时体重 530 千克以上(平均);②180 天肥育期结束时体重 520 千克以上(平均);③120 天肥育期结束时体重 500 千克以上(平均);④90 天肥育期结束时体重 480 千克以上(平均)。

八、无公害牛肉、绿色食品牛肉和有机(纯天然、生态食品)牛肉生产

无公害牛肉、绿色食品牛肉、有机(纯天然)牛肉是当今生产者、经营者与消费者共同追求的目标。

(一)无公害牛肉、绿色食品牛肉与有机(纯天然)牛肉

1. 无公害牛肉　无公害牛肉是指肉牛生产环境、肉牛生

产过程和牛肉产品符合无公害食品标准和规范,经过农业部和国家认证认可监督管理委员会(简称国家认监委)认定,许可使用无公害食品标识。

无公害牛肉的认证机构是国家商品检验检疫总局。

2. 绿色食品牛肉　绿色食品牛肉是指遵循可持续发展原则,按照特定生产方式,经过中国绿色食品发展中心认定,许可使用绿色标识商标的牛肉。分为 A 级和 AA 级。

绿色食品牛肉的认证机构是中国绿色食品发展中心。

3. 有机(纯天然、生态食品)牛肉　就当前而言,有机农业的定义尚未统一。欧洲、美国、国际有机农业运动联盟(IHFOMA)都有自己的定义。中国国家环境保护总局有机食品发展中心(OFDC)对有机农业的定义是:指遵照有机农业生产标准,在生产中不采用基因工程获得的生物及其产物,不使用化学合成的农药、化肥、生长调节剂、饲料添加剂等物质,而是遵循自然规律和生态学原理,协调种植业和养殖业的平衡,采用一系列可持续发展的农业技术。

有机(纯天然、生态食品)牛肉是指来源于有机农业生产体系、根据国际有机农业生产要求和相应的标准生产加工并通过独立的有机食品认证机构认证的,在肥育牛生产过程中不得饲用任何由人工合成的化肥、农药生产的精饲料、粗饲料、青饲料、青贮饲料及添加剂,确为无污染、纯天然、安全营养的牛肉。

有机(纯天然、生态食品)的认证机构是国家环境保护总局有机食品发展中心。

（二）无公害牛肉、绿色食品牛肉与有机(纯天然)牛肉的相同处和不同点

1. 相同处　无公害牛肉、绿色食品(牛肉)、有机(纯天

然)牛肉的相同处是都是安全食品,安全是这 3 类牛肉的共性。在肉牛肥育的全过程中(母牛饲养、犊牛培育、架子牛肥育)都采用了无污染工艺技术,实行了从肉牛饲养、屠宰加工、牛肉到餐桌的全过程质量监督控制制度,保证了牛肉的安全性。

2. 不同点 无公害牛肉、绿色食品牛肉和有机(纯天然)牛肉有它的共性,但也有较大较明显的差异。

(1) 标准不一 有机(纯天然)牛肉在不同的国家有不同的标准,有不同的认证机构,我国由国家环境保护总局有机食品发展中心制定,在牛的饲料中不允许使用人工合成的化肥、农药、兽药、添加剂。绿色食品牛肉 A 级标准的制定是参考发达国家食品卫生标准和联合国食品法典委员会(CAC)的标准制定的;AA 级的标准是根据国际有机农业运动联盟有机产品的原则,参照有关国家有机食品认证机构的标准,再结合我国的实际情况制定的。无公害牛肉,在牛的饲料中允许使用人工合成的化学农药、兽药、添加剂,但是对使用的农药、兽药、添加剂必须限量、限时与限品种。由农业部和国家认监委统一监督管理全国无公害农产品标志。

(2) 级别不同 有机(纯天然)牛肉和无公害牛肉无级别之分。绿色食品(牛肉)分为 A 级和 AA 级。

(3) 认证方法不同 在我国有机纯天然牛肉、AA 级绿色食品牛肉的认证实行检查员制度。在认证方法上以实地检查为主,检测为辅。有机(纯天然)牛肉的认证重点是肉牛肥育过程操作的真实记录和饲料购买及应用记录。A 级绿色食品牛肉和无公害牛肉的认证是以检查认证和检测认证并重的原则,强调全过程实施质量监控,在环境技术条件的评价方法上,采用了调查评价与检测认证相结合的方式。

（4）标识不同　有机（纯天然）牛肉标识，我国国家环境保护总局有机食品发展中心在国家工商局注册了有机食品标识。绿色食品牛肉标识由中国绿色食品发展中心制定并在国家工商局注册了绿色食品标识。我国绿色食品商标为圆形（意为保护），包括三部分，上方是太阳，下方是叶片，中心是蓓蕾。无公害牛肉标识图形为圆形，产品标志颜色由绿色和橙色组成。

有机（纯天然）牛肉具有国际性。

（三）无公害食品牛肉质量考核指标　无公害食品（牛肉）质量考核指标如表6-14。

表 6-14　无公害食品（牛肉）质量考核指标

序号	项　　目	最高限量（毫克/千克）
1	砷（As）	≤0.5
2	汞（Hg）	≤0.05
3	铜（Cu）	≤10
4	铅（Pb）	≤0.1
5	铬（Cr）	≤1.0
6	镉（Cd）	≤0.1
7	氟（F）	≤2.0
8	亚硝酸盐（$NaNO_2$）	≤3.0
9	六六六	≤0.2
10	滴滴涕	≤0.2
11	蝇毒磷	≤0.5
12	敌百虫	≤0.1
13	敌敌畏	≤0.05
14	盐酸克伦特罗	不得检出（检出线0.01）
15	氯霉素	不得检出（检出线0.01）

序号	项　　目	最高限量(毫克/千克)
16	恩诺沙星	肌肉≤0.1,肝≤0.3,肾≤0.2
17	庆大霉素	肌肉≤0.1,肝≤0.2,肾≤1.0,脂肪≤0.1
18	土霉素	肌肉≤0.1,肝≤0.3,肾≤0.6,脂肪≤0.1
19	四环素	肌肉≤0.1,肝≤0.3,肾≤0.6
20	青霉素	肌肉≤0.05,肝≤0.05,肾≤0.05
21	链霉素	肌肉≤0.5,肝≤0.5,肾≤1.0,脂肪≤0.5
22	泰乐菌素	肌肉≤0.1,肝≤0.1,肾≤1.0
23	氯羟吡啶	肌肉≤0.2,肝≤3.0,肾≤1.5
24	磺胺类	≤0.1
25	乙烯雌酚	不得检出(检出线 0.05)

（四）质量考核单位　国家农业部部属检测机构：农业部畜禽产品质量监督检验测试中心(广州、南京、北京)，各省质量监督检验测试站(中心)。

（五）无公害牛肉、绿色食品牛肉与有机（纯天然）牛肉的生产技术　在前面的叙述过程中不难看出安全性最好的当属有机(纯天然)牛肉，其次是绿色食品牛肉，无公害牛肉排第三。而生产的难度当属有机(纯天然)牛肉最难，其次是绿色食品牛肉，无公害牛肉相对较容易。

生产有机(纯天然)牛肉的过程中不允许使用任何人工合成的化肥、农药、兽药、添加剂。为达到上述要求，产地有 3 年的过渡期，在过渡期生产的产品为"转化期"产品。

生产绿色食品牛肉的过程中允许使用部分农药、兽药、添加剂，但要严格控制用药量。在屠宰前 90 天停药。

生产无公害牛肉的过程中允许使用部分农药、兽药、添加剂，但要严格限量、限时、限品种，并在屠宰前 90 天停药。

（六）绿色食品（牛肉）的包装 已经生产了绿色食品(牛肉)，要有相应的包装。据专家介绍，绿色食品包装应该是对生态环境和人体健康无害、无环境污染、能循环复用和再生利用，可促进持续发展。

第三节　肉牛肥育管理

一、畜群周转计划表

编制畜群周转计划表的目的是确保牛场均衡生产，使肉牛屠宰厂长年有牛屠宰。因为，肉牛肥育饲养是长年的，为确保长年有牛肥育饲养，应制定肥育牛群周转表。以每年肥育高档肉牛 1 200 头为目标时，第一年度肥育期内肥育牛群周转情况如表 6-15。

表 6-15　第一年度牛群周转表

月　份	购架子牛头数			出　栏　头　数					其中高档肉牛头数	存栏牛头数
	400千克体重	350千克体重	300千克体重	480千克体重	460千克体重	516千克体重	合计	累计		
1	100	100	100	-	-	-	-	-	-	300
2	100	100	100	-	-	-	-	-	-	600
3	100	100	100	100	-	-	100	100	-	800
4	100	100	100	100	100	-	200	300	-	900
5	100	100	100	100	100	-	200	500	-	1000
6	100	100	100	100	100	-	200	700	-	1100
7	100	100	100	100	100	-	200	900	-	1200
8	100	100	100	100	100	-	200	1100	-	1300
9	100	100	100	100	100	100	300	1400	100	1300
10	100	100	100	100	100	100	300	1700	100	1300
11	100	100	100	100	100	100	300	2000	100	1300
12	100	100	100	100	100	100	300	2300	100	1300

第一年度出栏高档(价)肉牛 400 头,其他肉牛 1900 头。第二年度肥育期内牛群周转情况如表 6-16。

表 6-16　第二年度牛群周转表

| 月　份 | 购架子牛头数 | | | 出　栏　头　数 | | | | | 其中高档肉牛头数 | 存栏牛头数 |
	400千克体重	350千克体重	300千克体重	480千克体重	460千克体重	516千克体重	合计	累计		
1	100	100	100	100	100	100	300	300	100	1300
2	100	100	100	100	100	100	300	600	100	1300
3	100	100	100	100	100	100	300	900	100	1300
4	100	100	100	100	100	100	300	1200	100	1300
5	100	100	100	100	100	100	300	1500	100	1300
6	100	100	100	100	100	100	300	1800	100	1300
7	100	100	100	100	100	100	300	2100	100	1300
8	100	100	100	100	100	100	300	2400	100	1300
9	100	100	100	100	100	100	300	2700	100	1300
10	100	100	100	100	100	100	300	3000	100	1300
11	100	100	100	100	100	100	300	3300	100	1300
12	100	100	100	100	100	100	300	3600	100	1300

第二年度出栏高档(价)肉牛 1 200 头,其他肉牛 2 400 头。

二、饲养管理

(一)肥育牛日常管理　肥育牛的日常管理,主要目标是营造一个良好的环境,让肉牛吃饱吃好。

第一,牛营养需要量由技术人员按体重、体况列出,并计算成配方交饲料调制组。

第二,喂肉牛由饲养员按规定量给予。

第三,自由采食,24 小时食槽有饲料。

第四,自由饮水,24 小时水槽有水。

第五,精饲料、粗饲料、青贮饲料、酒糟、粉渣、添加剂和保健剂等,组成肉牛的配合饲料(日粮)。配合饲料必须充分搅拌后才能喂牛。

第六,每日喂料 3 次,喂料时间:第一次喂料为 5~7 时,第二次喂料为 10~12 时,最后一次喂料为 20~24 时。

第七,一次添饲料不能太多,每次吃净为宜。

第八,喂牛饲料品质要好,杜绝用霉烂变质的饲料喂牛。

第九,饲养员报酬实行基本工资加奖金制度。

现介绍某肉牛肥育场对饲养员报酬实行基本工资加奖金制度的具体方法。

一是基本工资,每日每人 10 元;二是肥育牛日增重指标,纯种黄牛日增重 700 克,杂交牛日增重 800 克;三是奖励工资,以肥育牛每日增重计算,每增重 1 000 克,奖金 0.1 元。如某饲养员养杂交牛 100 头,日增重 1 000 克计算,每月的劳动报酬为(300 + 300) = 600 元。

奖励工资的内容还可以加上饲料消耗量(饲料报酬)、劳动纪律、兽药费用(每头牛)、出勤率等等。每一项都细化为可衡量的等级,让饲养员体会到奖励制度经过努力可以达到,努力越多,奖励越高。

(二)围栏肥育入栏管理 以一个围栏为单位的全进全出的饲养方案。即每个围栏养牛或 10 头,或 20 头,或 200 头,同一时间进入围栏,也在同一时间出栏,肥育期相同。在管理上要做到以下四点。

第一,进入围栏牛的体重应大体相同。

第二,进入围栏的牛如有角时,应当去掉角。

第三,个别特别好斗的牛,不能进入围栏。

第四,加强兽医巡视工作,一旦发现病牛,能获得及时的治疗或护理。

为什么每个围栏饲养牛的头数以 10 头或 20 头为宜,主要与屠宰厂屠宰牛的数量相同,与待宰牛围栏面积配套。同一围栏的肥育牛经过运输后仍旧放在同一个围栏,避免陌生牛互相斗殴而造成伤残。另一方面,也考虑运输车辆的装载能力。

(三) 新购买架子牛的饲养和管理

1. 围栏饲养　将架子牛饲养在牛围栏内,每头牛占有围栏面积 4～5 平方米,防止斗架。

2. 饮水　由于运输途中饮水困难,架子牛往往会严重缺水。因此,架子牛进入围栏后要掌握好饮水。第一次饮水要控制,以 10～15 升为宜;第二次饮水在第一次饮水后的 3～4 小时,可自由饮水。第一次饮水时,水中可加人工盐(每头 100 克),第二次饮水时,水中可加些麸皮。

3. 饲喂优质青干草、秸秆、青贮饲料　第一天喂料重量(自然重)应限制,每头 4～5 千克。第二、第三天后,可以逐渐增加喂量,每头每天 8～10 千克(自然重)。第五、第六天以后,可以自由采食。

4. 分群饲养　①按大小强弱分群饲养;②每群牛数量以 10～15 头较好;③傍晚时分群容易成功;④分群的当天应有专人值班观察,发现格斗,应及时处理。

5. 牛围栏卫生　在进牛前围栏内铺垫草。牛围栏要勤清扫,保持清洁、干燥。

6. 饲喂混合精饲料　架子牛进围栏 4～5 天后,可以饲喂混合精饲料。饲喂量以架子牛的体重的百分数计算。第四、第五天,0.5%;第六天,1.2%～1.3%;第十天,1.5%～1.7%。

7. 其他工作　①驱除体内外寄生虫;②阉割;③勤观

察架子牛的采食、反刍、粪尿、精神状态。

(四) 肉牛一般肥育期和强度肥育期的饲养管理

第一,自由采食,24 小时食槽内有饲料。夏季天气炎热要强调夜间喂牛。

第二,自由饮水,24 小时水槽内有清洁卫生的饮水。

第三,分阶段设计肉牛配合饲料配方。配合饲料中精饲料与粗饲料的比例(以干物质为基础)见表6-17。

表 6-17　配合饲料中精饲料与粗饲料的比例

体重阶段(千克)	精饲料(%)	粗饲料(%)
300	35～45	65～55
400	55	45
500	70	30
500 以上	70～80	30～20

第四,生产高档(价)牛肉时,当肥育牛体重达 450 千克时,日粮中增喂大麦,每头每天 1～2 千克。

第五,冬季防寒,夏季防暑,长年防病防疫,天天防盗、防毒、防火。

第六,饲喂瘤胃素、泰乐菌素。

第七,做好饲料用量、发生疾病、气象变化、入栏牛、出栏牛、体重、考勤等记录。

三、肥育牛饲喂方法

肥育牛的饲喂,可以是定时定量给饲料(限量饲喂),也可以是不定量随时给饲料,保持牛食槽内昼夜有饲料(自由采食)。笔者主张自由采食。因为限量饲喂时,牛不能获得满足生长发育的营养物质,因而影响生长,延迟肥育牛出栏时间,降低饲养效益。喂料方法分为人工喂料和机械喂料。

（一）人工喂料

1. 自由采食　在肉牛肥育阶段,应尽量使肉牛任意采食。牛食槽内要做到 24 小时有饲料,每一头牛在任何时间里都能采食到饲料。笔者观察,肥育牛在 24 小时内采食饲料的次数达 14～15 次。

食槽内每次喂料不能太多,尤其在天气炎热季节,每日喂料应在 3 次以上。

注意夜间喂料。肉牛 24 小时内都可以采食。因此,夜间要保持食槽有饲料。至于夜间饲喂量,要根据肉牛采食量而定。估算采食量可参考肉牛采食量标准,但只有饲养管理人员日积月累的观察和经验,才能得到更确切的采食量。

下面是笔者在低水平饲养条件下的试验资料。肥育牛限量喂料和自由采食时的体重、屠宰成绩、部位肉块重量。这些资料显示肥育牛在自由采食条件下可以多增重,提高屠宰率和净肉率,增加肉块的重量(表 6-18,表 6-19,表 6-20)。

表 6-18　限量喂料与自由采食时肥育牛的体重变化

饲喂方式	试验头数	开始体重（千克）	结束体重（千克）	日增重（克）	饲养（天数）
定时定量	58	374.1 ± 65.5	433.1 ± 59.2	509 ± 292	123.1 ± 50
自由采食	82	317.7 ± 57.3	438.9 ± 38.8	805 ± 340	150.6 ± 39

表 6-19　限量饲喂和自由采食时肥育牛屠宰成绩

饲喂方式	屠宰头数	宰前体重（千克）	胴体重（千克）	屠宰率（%）	净肉重（千克）	净肉率（%）
定时定量	14	402.0 ± 30.0	209.2 ± 17.9	52.04 ± 1.89	167.4 ± 15.4	41.63 ± 1.72
自由采食	14	409.1 ± 24.1	229.3 ± 19.5	56.05 ± 3.79	183.2 ± 15.6	44.79 ± 2.44

表 6-20　限量饲喂和自由采食时肥育牛部位肉块重量

饲　喂方　式	屠　宰头　数	牛柳(里脊)(千克)	西冷(外脊)(千克)	珍扒(臀肉)(千克)	大米龙(千克)	霖肉(膝肉)(千克)
定　时定　量	14	3.65 ±0.39	9.21 ±1.26	12.14 ±1.02	9.19 ±0.88	7.75 ±0.58
自由采食	14	3.58 ±0.40	9.18 ±1.05	13.15 ±1.39	10.01 ±1.03	7.84 ±0.70

　　饲料投放的方法有以下几种：①将各种饲料混合，搅拌均匀后喂牛；②先喂粗饲料，后喂精饲料；③先喂精饲料，后喂粗饲料。笔者主张将各种饲料混合后喂料。因为混喂的饲料，各种营养成分都是平衡的。尤其在围栏饲养、自由采食时，肥育牛在任何时候吃到的饲料，各种营养成分都是平衡的。其他喂料方法容易造成肥育牛挑剔饲料的毛病。

　　2．定时定量饲喂　每天喂牛2次，每次1～2小时。饲料的投放方法类似自由采食的先粗后精饲喂法。

　　(二) 机械喂料

　　1．采用自走式机械车(喂料车)喂牛　喂料车的容积有10立方米、12立方米、14立方米、16立方米、18立方米、20立方米等多种。现以容积12立方米为例说明其性能。

　　容积12立方米的喂料车载重8吨，行走速度20千米/小时，搅拌30转/分，在行进途中完成。

　　喂料车装有电脑，带有自动计量器、有自动取料(计量)和自动喂料(计量)，接受指挥中心指令，可随时变更配合饲料的配方比例。

　　2．喂料车工作程序　喂料车工作程序见图6-1。

　　3．喂料车工作效率(以3 000头牛为例)

　　第一，饲料车每一次作业时间需45分钟。现以12立方米容积的饲料车(4 500千克)为例，计算每日作业时间如下：①装饲料时间30分钟；②搅拌饲料时间3～5分钟(在行进中搅拌,因此不占用作业时间);③喂料时间10分钟。

自动取压扁玉米 ——→ 喂料车(计量)

↓

自动取青贮饲料 ——→ 喂料车(计量)

↓

自动取粗饲料 ——→ 喂料车(计量)

↓

自动取添加剂 ——→ 喂料车(计量)

↓

自动取保健剂(扩散) ——→ 喂料车(计量)

↓

行走搅拌→牛栏食槽→喂料(计量)

图 6-1 喂料车工作程序图

第二,每头牛每日采食饲料量平均以 15 千克计算,分 2~3 次喂料。

第三,每头牛 1 次喂饲料 6 千克,1 车饲料 4 500 千克,可喂牛 750 头。

第四,3 000 头牛喂料 1 次需要 4 车,全天共需 10 车次。

第五,每天用时 8 小时。

第六,1 辆车即可完成喂料作业。

（三）人工喂料和机械喂料的费用比较

第一,人工喂料时,一个强劳力喂牛 100 头,3 000 头牛需要喂牛人员 30 人。以每人每月的工资待遇为 700 元计,全年的工资额为 25.2 万元。加其他费用(劳保、工具),每头出栏牛担负 100 元。

第二,机械喂料时,1 个人就能完成 3 000 头牛的喂料工作。以月工资 1 000 元计算,全年工资额为 1.2 万元,机械折旧费(12 立方米容积,新车价人民币 82.5 万元,8 年折旧)每年为 10.3 万元,燃料费 4 500 元/年,合计 11.95 万元。平均每头出栏牛担负 40 元。机械喂料比人工喂料,每头牛可以少支付 60 元。3 000 头肥育牛每年可以少支付近 18 万元。因此,有条件的养牛者,可购买肉牛喂料车,能提高养牛效益。

(四)人工喂料和机械喂料时饲料混合均匀度比较 用机械喂料车时,饲料在车里混合搅拌 3~5 分钟,混合搅拌的次数可达几十次,饲料混合均匀度较好。

用人工混合饲料时,以混合 3 次为多数。但其饲料的混合均匀度不能和机械喂料车相比。所以,用机械喂料车喂牛不仅饲养成本低,而且牛能采食到饲料混合均匀度好的日粮,会增加采食量和提高增重量。

(五)建立配合饲料质量检验制度 在喂牛之前进行配合饲料质量的检验,既可以检查配合饲料搅拌是否均匀,又可以检验饲料配方是否符合要求。这是科学化养牛、规范化养牛十分重要的一个举措。

1. **检验方法** 在喂料车的出口处取配合饲料作样品,每天 3~5 次。

2. **检验指标** 包括含水量,粗蛋白质含量,总能(兆焦/千克),维持净能(兆焦/千克),增重净能(兆焦/千克),钙、磷和维生素含量。

第四节 肥育牛饮水

一、肥育牛的饮水量

水为肥育牛的饲料营养消化与吸收、体内废物排除和体温调节所必需。水是肥育牛场较廉价和较易获得的东西,也最容易被饲养管理人员所忽视。因为他们不十分了解水对肥育牛的重要性。要想获得比较理想的饲养效果,除了要设计好饲料配方、做好保健以外,还要想方设法让牛多采食饲料,达到多吃快长的目的。要达到多吃快长,必须保证肥育牛充足的饮水。下面肥育牛饮水量的资料,可以说明随着肥育牛体重、采食量、日增重的增加,饮水量也随着增加(表6-21)

表 6-21　肥育牛饮水量

肥育牛体重 (千克)	要求日增重 (克)	采食饲料 (千克干物质)	需饮水量 (升/头·日)
200	700	5.7	17
200	900	4.9	15
200	1100	4.6	14
250	700	5.8	18
250	900	6.2	20
250	1100	6.0	19
300	900	8.1	27
300	1100	7.6	22
350	900	8.0	27
350	1100	8.0	27
400	1000	9.4	35
400	1200	8.5	30
450	1000	10.3	40
450	1200	10.2	40
500	900	10.5	42
500	1100	10.4	42
500	1200	9.6	36

另外,环境温度也影响肥育牛的饮水量(表6-22)。

表 6-22 环境温度与肥育牛饮水量

环境温度	饮水量 (升/千克干物质饲料量)	折合成含水量 (50%)的饲料
−17℃~10℃	3.5	1.8
10℃~15℃	3.6	1.8
15℃~21℃	4.1	2.1
21℃~27℃	4.7	2.4
27℃以上	5.5	2.8

笔者在气温25℃~27℃时测定了3头体重280千克的肥育牛1昼夜饮水量为36~37升。按测定当天肥育牛消耗饲料(风干重)量计算,肥育牛消耗1千克饲料需要饮水3.64升。

据报道,在以精饲料为主的饲养肥育条件下,饲料的含水量达到35%时,肥育牛的采食量、日增重和饲料报酬等都没有明显的差别(表6-23)。

二、水　源

(一)地下水为供水水源　打深井(井深200米)1眼,出水量为30立方米/小时,24小时提水、供水,自动控制。

(二)建水塔　塔高10~15米,容量25~30吨。可满足存栏1 000头的牛场每天的需水量。

(三)水的净化　采用最新的工艺技术净化水。

(四)水质卫生指标　达到人的饮用水卫生标准见表6-24。

表 6-23 围栏饲养肥育高精料配合饲料时添加水对牛增重的影响

项　　　目	饲　料　含　水　量		
	15%（对照）	25%	35%
干物质消耗量(千克/日)			
最初 41 天	8.43	8.50	8.21
最后 78 天	9.95	10.01	9.36
总计 119 天	9.44	9.48	9.14
肥育牛的平均体重(千克)			
开始体重	341.0	341.0	341.0
41 天体重	389.1	393.2	383.2
119 天体重	500.0	494.0	492.1
每天平均增重（克）			
最初 41 天	1171	1280	1031
最后 78 天	1430	1289	1403
总计 119 天	1339	1285	1271
平均每增重 1 千克所需饲料量			
最初 41 天	7.20	6.63	7.96
最后 78 天	6.95	7.75	6.87
总计 119 天	7.04	7.40	7.19

表 6-24　肥育牛饮用水卫生指标

项目名称	标　准	项目名称	标　准
色, (°)	≤30°	总大肠菌群, 个/100mL	≤10
混浊度, (°)	≤20°	氰化物, mg/L	≤0.2
臭和味	无	总砷, mg/L	≤0.2
肉眼可见物	无	总汞, mg/L	≤0.01
pH 值	5.5~9	铅, mg/L	≤0.1
总硬度(以 $CaCO_3$ 计), mg/L	≤1500	镉, mg/L	≤0.05
溶解性总固体, mg/L	≤4000	硝酸盐(以 N 计), mg/L	≤30
氯化物(Cl^-计), mg/L	≤1000	氟化物(以 F^-计), mg/L	≤2.0
硫酸盐(以 SO_4^{2-} 计), mg/L	≤500		

三、水的供应方法

(一) 自流水

1. 水槽供水　在多个围栏联成一体的牛舍内, 2 个围栏合用 1 个水槽。不能合用时, 每个围栏设 1 个水槽。水槽有进水口, 从水源头处供水。水槽底部安置出水口, 便于排水。饮水槽安置在围栏靠近粪尿沟处, 距离地面的高度为 40~45 厘米。水槽外 20 厘米处安置护栏, 防止牛排粪进入水槽。

2. 饮水器供水　采用牛专用饮水器。饮水器设在牛蹄踩不着、粪尿不易污染的地点, 距离地面的高度为 40~45 厘米。

(二) 定时供水　在北方寒冷的冬季, 供牛饮水比较困难。可采取以下办法满足肉牛的饮水: ①定时给牛饮水; ②流入水槽的水是流动的; ③用电热丝加热水槽; ④水槽较深

（水槽高 1.3 米）。

如何在生产实践中观察肥育牛饮水量,据笔者测定牛在饮水时的吸水次数和牛饮水前后体重变化(被测定牛为 400 千克体重的肥育牛),吸吮 1 次水的重量为 0.4～0.5 升。

第七章　肥育牛的出栏

　　肥育牛达到养牛者所设定的要求时应该及时出售。如不及时出售,将造成直接经济损失。因为当架子牛经过肥育期饲养达到膘肥体胖时,增重速度远远低于肥育期的前、中期,养牛者应尽量防止(避免)这种低增重高消耗的饲养期。另外,肥育牛的维持需要随牛的体重增加而加大。如体重500千克的牛维持需要量为34.1兆焦,折合成玉米(玉米饲料的维持净能为9.12兆焦/千克)为3.74千克,多饲养10天就无谓地消耗玉米37.4千克(饲料费39元)。多饲养30天就无谓地消耗玉米112.2千克(饲料费117.6元)。因此,不及时结束肥育并出售,将增加饲料的消耗,加大饲养成本。

第一节　肉牛肥育终了的标志

　　养牛户对肥育终了的标志要清清楚楚,并实实在在地掌握。肥育终了的主要标志是:①体膘丰满,看不到明显的骨头外露;②采食量下降(下降量达正常采食量的10%~20%);③尾根两侧可以看到明显的脂肪突起;④臀部丰满,圆形突出;⑤胸前端突出并且圆大,丰满;⑥手握牛肷部、肘部皮肤时有厚实感;⑦手指压背部、腰部时厚实,并且有柔软、弹性感;⑧牛不愿意活动或很少活动,显得很安静。

第二节　肉牛出售

架子牛肥育后如何出售,关系到养牛户的直接经济利益。笔者曾对多地区、多厂家进行过考察,发现中原地区绝大部分屠宰企业制定的肉牛评级计价规定很复杂,使养牛户在出售活牛时遇到很多条条框框。养牛户必须把卖牛过程详详细细了解清楚,否则,将会蒙受经济损失。

一、养牛户对肉牛出售时计价体重的标准要了解清楚

不同的屠宰企业有不同的标准,总起来说有以下几种。

(一) **即时体重**　从食槽前牵出就称重,不停食停水。

(二) **停食停水后称重**　①停食 24 小时,停水 8 小时;②停食 12 小时,停水 8 小时。

(三) **屠宰前称重**　由于屠宰前体重是计算屠宰率的基本参数,因此,称重前是否停食停水,会影响屠宰率的高低。屠宰率又是计算活牛价值的惟一参数。所以,屠宰率是直接影响牛计价的基础。

有些屠宰厂(户)屠宰前在体重上大做文章,尽最大限度降低屠宰前体重,以获得较高的屠宰率。他们把出售的肉牛在屠宰前停食停水 48 小时以上,使原来体重 500 千克的牛经过饥饿后体重减为 470 千克。实践证明,对养牛户而言,出售 470 千克的牛更合算(表 7-1)。

表 7-1 的计算不难看出,体重每下降 5 千克,屠宰率就增加了 1 个百分点,每千克体重增加了 0.2 元。例如,肉牛体重 500 千克时的出售价为 4 400 元。停水停食后体重减少了 30 千克,下降到 470 千克。但是,屠宰率由 50% 提高到 55%,价

表 7-1　肉牛收购计价表*

计价体重 （千克）	屠宰率(%)	计　　　价 （元/千克体重）	每头售价 （元）
500	50.0	8.8	4400.0
495	51.0	9.0	4455.0
490	51.5	9.2	4508.0
485	52.0	9.4	4559.0
480	53.0	9.6	4608.0
475	54.0	9.8	4655.0
470	55.0	10.0	4700.0

*　屠宰率 50% 为活牛作价的起步价,高于或低于 1 个百分点,加或减 0.2 元/千克体重。

格也由 8.8 元/千克体重提高到 10 元/千克体重。体重 470 千克的出售价为 4 700 元,比体重 500 千克出售价多了 300 元。因此,养牛户出售肉牛时,一定要把计算体重标准和计价标准了解清楚。

二、养牛户对出售的肉牛屠宰率要估算

虽然在相同条件下肥育,但由于肥育牛的差异,有的长得快一些,有的脂肪沉积速度快一些。因此,屠宰率会有较大的差别。养牛者对自己饲养的牛在出售时能达到的屠宰率事前的估算,一方面为自己经济核算;另一方面也可对屠宰企业收购牛的定级定价是否公平有个了解。下面是某屠宰企业几年来收购肉牛的等级分布概况。

收购的肉牛大体分为 3 个级别:A 级牛的比例按 20% 估算,屠宰率以 54% 估算;B 级牛按 70% 估算,屠宰率以 54% 估算;C 级牛按 10% 估算,屠宰率以 54% 估算。

三、养牛户对肉牛饲养效益的估算

(一) 肉牛售价的估算　根据肉牛等级的设定和 2003 年

4月的收购价,估算出栏肉牛的价值如下。

第一,A级牛占20%,按10元/千克体重计价:活重470千克×10元/千克=4 700元。

A级牛占出售牛的比例为20%,4 700元×20%=940元。

第二,B级牛占70%,按8.6元/千克体重计价:活重470千克×8.6元/千克=4 042元。B级牛占出售牛的比例为70%,4 042元×70%=2 829.4元。

第三,C级牛占10%,按7.8元/千克体重计价:活重470千克×7.8元/千克=3 666元。C级牛占出售牛的比例为10%,3 666元×10%=366.6元。

A级牛、B级牛、C级牛的平均价为(940+2 829.4+366.6)4 136元/头。

根据以上的计算,养牛户对自己出栏的肉牛的价值有了基本概念,再估算成本,养牛的利润空间有多大,心中一目了然。

(二) 养牛成本 包括:①购买架子牛;②饲料费用;③人员工资;④折旧费;⑤水费;⑥电费;⑦卫生、防疫费;⑧行政摊销费;⑨不可预见费;⑩出售牛时的费用(汽车运费、兽医检疫费、车辆消毒和人员费用)。

(三) 养牛利润 通过计算可以明确看出,出售活牛时每头牛可获得的利润和屠宰加工每头牛可获得的利润。

第三节 肉牛收购标准与牛肉市场

养牛户饲养的肉牛要出售而不是自办屠宰加工厂。因此,对市场肉牛收购标准要十分了解。现介绍某牧业集团有限公司收购肉牛的标准要求,供参考。

一、某企业肉牛收购标准

（一）**体质**　健康,无病,无伤残,体表无划伤,没有受牛皮蝇虫侵犯(无蛆眼)。

（二）**体重**　500千克以上。

（三）**性别**　阉公牛。

（四）**年龄**　纯种牛最大的不超过36月龄,杂交牛最大的不超过30月龄。

（五）**品种**　除黑白花奶牛外。

（六）**体形外貌**　长方形或圆桶形,不收购腹部过大或过于下垂的牛。

（七）**肥育程度**　经过充分肥育,八成膘情以上。

（八）**屠宰率**　以屠宰率52%为牛价的起步价,每超过(下降)1个百分点,每千克体重加(减)0.2元。屠宰率越高,牛的售价就越高。

（九）**胴体脂肪**　覆盖率85%以上,颜色白色,硬度坚挺,背部脂肪厚度10~20毫米。

（十）**收购价标准**

1. **优质高档牛**　高价(特级牛)除满足上述(一)、(三)、(四)、(五)、(六)条外,其胴体重大于280千克,胴体体表脂肪覆盖率85%以上,脂肪颜色白色,脂肪硬度坚挺,背部脂肪厚度大于20毫米。

屠宰率52%为优质、高档牛的起步价,11.6元/千克体重。高于或低于1个百分点,增加或减少0.2元/千克体重。

2. **低于优质高档牛,高于标准牛**　优等价(甲级牛)除满足上述(一)、(三)、(四)、(五)、(六)条外,其胴体重大于260

千克,胴体体表脂肪覆盖率85%以上,脂肪颜色白色,脂肪硬度坚挺,背部脂肪厚度大于10毫米。

屠宰率52%为优等牛的起步价,9.6元/千克体重。高于或低于1个百分点,增加或减少0.2元/千克体重。

3.达到标准牛 标准价(乙级牛)胴体重大于220千克,胴体体表脂肪覆盖率75%以上,脂肪颜色微黄色,脂肪硬度坚挺,背部脂肪厚度小于10毫米。

屠宰率52%为牛价的起步价,8.6元/千克体重。高于或低于1个百分点,增加或减少0.2元/千克体重。

4.标准以下牛 协商定价(丙级牛)。

5.病残牛 协商定价。

二、牛肉市场

养牛户了解牛肉市场有非常重要的意义。只有绝大多数养牛户了解牛肉的市场需求,才能饲养出符合市场需求的肉牛,屠宰行业才能获得用户需要的牛肉。据笔者调查,高价牛肉市场以制作、风味与习惯等的不同,至少可以分为三大类,即以日本餐饮为代表的较肥牛肉型,以欧洲餐饮为代表的瘦牛肉型,以美国餐饮为代表的肥瘦适中型。优质牛肉以嫩度的要求为最高,肌肉纤维中具有适量脂肪(脂肪量占18%~22%)为特色。

第八章　肥育牛的防疫保健

我国肉牛产业从 20 世纪 90 年代起,正以前所未有的速度蓬勃发展。肉牛繁殖、牛犊培育、架子牛肥育等专业化分工更加明确,肉牛易地肥育技术在肉牛产业链中的地位和作用更加突出。肉牛肥育户正在充分利用肉牛易地肥育技术达到增加养牛数量、提高养牛利润的目的。因此,肉牛易地肥育技术在更大范围内获得推广应用,推动和加快了我国肉牛产业化的进程。但从另一方面也给养牛业尤其是肥育牛的防疫保健工作带来新的课题。

肉牛易地肥育的特点之一是架子牛的流动性大,几百千米、几千千米距离在当今公路交通条件下,1～2 天内便可到达。肉牛易地肥育技术的推广打破了原来一家一户小农经济经营及省、地、县(区)的养牛格局,大大促进了我国肉牛饲养业的发展,大大提高了我国肉牛业的饲养水平。架子牛的流动带来的负面影响就是感染有害病菌的机会也增加了。因此,要十分重视和做好架子牛的防病保健,才能确保架子牛易地肥育的健康发展。

提高肥育牛饲养效益的重要技术措施是实施现代化的肉牛肥育技术,如高密度饲养、围栏肥育、自由采食与自由饮水等,每一头肥育牛占有的围栏面积仅 4 平方米左右。在这样密集的环境条件下,如何使肥育牛少生病、不生病,只有加大力度做好肥育牛的防病保健,才能确保肥育牛健康生长。

在最短暂的时间里获得最高的养牛效益,这是养牛户的最大心愿。肥育牛没有健康壮实的身体就很难达到养牛者所期盼的要求。只有主动做好肥育牛的防病保健,才能确保较高的养牛效益。

生产高档(价)牛肉的肥育牛的肥育时间比一般肥育牛要长,对肉块的重量、脂肪沉积等有特殊的要求,只有健康无病的牛才能达到。

养牛者希望自己养的牛与生产的牛肉是安全、卫生、无公害的(或者是绿色食品、有机食品),这样的牛肉占领市场的份额大,卖的价钱好,这是今后饲养肥育牛的主攻方向,也是获得较好的养牛经济效益的主要渠道之一。要达此目的,除了实施贯彻有效的饲养技术措施外,还要加强防病保健措施。

当然,获得优质牛肉产品的技术措施是综合的,缺少任何一个环节都不行。

第一节 防疫保健措施及制度

肉牛防疫保健要从源头抓起,从母牛繁殖到架子牛肥育,每个环节都不能缺少,每个环节都不能有漏洞。下面结合肉牛易地肥育技术,介绍肉牛肥育环节中的防疫保健。

一、架子牛疫情的考察

(一) 架子牛产地疫情的考察 通过县、乡、村各级防疫部门了解当地近半年内有无疫情疫病、何种疫病、发病头数、病区面积、发病季节、死亡数、死亡后的处理方法等。

(二) 交易现场检查 在架子牛交易地进行现场检查:①牛的食欲;②静态和动态的表现;③测试体温;④各种免疫接种的证件,证件的有效时间。

(三) 实验室检验 必要时进行实验室检验。检验内容:

①牛口蹄疫；②结核病；③布氏杆菌病；④副结核病；⑤牛肺疫；⑥炭疽病。

二、肥育牛场的防疫工作

第一，牛场大门口设消毒池，进出牛场车辆、人员必须经过消毒。

第二，设专用兽医室，并建立牛舍巡视制度。

第三，牛舍定期消毒。

第四，设立病牛舍，发现病牛，隔离治疗。

第五，建立疾病报告制度、病牛档案制度和病牛处理登记制度。

第六，谢绝参观生产间，如牛围栏、饲料调制间等。如要参观考察，可采用闭路电视代替。

三、引进架子牛的防疫制度

一是在架子牛采购前，对产区和运输沿线进行疫情调查。不在有疫情地区收购架子牛。

二是在肥育牛场的一侧，专设架子牛运输车的消毒点。在架子牛卸车前，将车体、车厢、车轮彻底消毒。

三是架子牛卸车后，进行检疫、观察前消毒（消毒药液喷雾、喷淋，或光照消毒）。

四是经过运输的架子牛，到牛场后再次进行检疫、观察，确认健康无病时才入过渡牛舍（检疫牛舍）。经过 5～7 天的检疫、观察，确认健康无病后，转入健康牛舍饲养。

五是采购架子牛时，架子牛产地必须出具县级以上检疫机构的检疫证、防疫证和非疫区证件。

四、病牛疾病报告制度

第一,饲养人员一旦发现病牛,应立即报告兽医人员。报告人要清楚、准确说明病牛所在位置(牛舍号、牛栏号)、病牛号码、病情简况。

第二,兽医人员接到报告后,应立即对病牛诊断、治疗。

第三,病牛是否需要隔离,兽医应尽早做出判断。

第四,遇有传染病和重大病情时,兽医人员应立即报告给牛场领导和上级兽医管理部门,并提出治疗和处理方案。

五、病牛隔离制度

一是在肥育牛场的一角建设病牛牛舍。病牛舍的位置在牛场长年主导风向的下方,与健康牛舍有一定的隔离距离或有围墙隔离。

二是在病牛舍有专职饲养员。饲养员平时不得进入健康牛舍,健康牛舍的饲养员不得进入病牛舍。病牛舍的设备用具,严格禁止进入健康牛舍。

三是兽医人员出入病牛舍,必须更换工作服、鞋、帽,消毒后方可进入健康牛舍。

四是调制适口性较好的配合饲料,精心饲喂病牛。

五是病牛的粪、尿液、垫草、剩余饲料等,必须进行无公害处理,然后才能利用。

六是病牛经过治疗治愈后,经过兽医的同意方能重新回到健康牛舍。

七是兽医人员每次治疗、用药,必须书写处方。

八是如发生病死牛,要在兽医指导下进行无公害处理。病死牛的围栏,必须进行有效的消毒。

六、消毒制度

肉牛饲养场的消毒工作必须是经常性的,以及时消灭牛场内部环境中病原微生物和寄生虫。

(一)牛场门口设消毒池和消毒室 消毒池的长度应大于车轮的周长,深度 25~30 厘米,池内填锯末,用 5% 火碱水浸湿,进出车辆必须经过消毒池。在消毒池的左侧或右侧设消毒室,出入人员必须通过消毒室。

(二)围栏消毒 每天清扫围栏 1 次,每月用生石灰消毒 1 次,每年用火碱水消毒 1 次。围栏内的设施,如饲料槽、饮水槽、饲养工具,要勤清洗、勤更换、勤消毒。

(三)车辆消毒 在肉牛饲养场外设车辆消毒处,用浓度 0.5% 过氧乙酸溶液消毒。

(四)消毒药浓度和消毒对象 牛场常用消毒药、浓度和消毒对象见表 8-1。

表 8-1　牛场常用消毒药、浓度和消毒对象

消毒药	浓度	消毒对象
生石灰乳	10%~20%	牛舍、围栏、饲料槽、饮水槽
热草木灰水	20%	牛舍、围栏、饲料槽、饮水槽
来苏儿溶液	3%~5%	牛舍、围栏、用具、污染物
漂白粉溶液	2%	牛舍、围栏、车辆、粪尿
火碱水溶液	1%~2%	牛舍、围栏、车辆、污染物
过氧乙酸	0.5%	牛舍、围栏、饲料槽、饮水槽、车辆
过氧乙酸	3%~5%	仓库(按仓库容积,2.5 毫升/立方米)
克辽林	3%~5%	牛舍、围栏、污染物

七、饲养、管理人员的卫生保健

第一,饲养、管理人员每半年体检 1 次。

第二,工作服要定期消毒(煮沸 10～15 分钟)。

第三,勤洗澡,勤换内衣,勤理发,勤修剪指甲。

第四,教育牛场职工、食堂采购员,绝不能在未经防疫检验的肉摊上购买生熟肉制品到牛场或自家食用,防止传染病。

八、档案制度

(一)病牛档案 包括牛号、牛栏号、性别、年龄、体重、初步诊断病名、治疗情况、兽医签字。

(二)疾病处方档案 包括药品名称、数量、价格、兽医签字。

(三)兽医药品档案

1. 购置兽药物品 ①购置兽药物品由主持兽医提出购物清单,牛场主管场长批准,签名后交采购员采购;②采购员按购物清单采购,不得增加或减少;③采购员采购物品回到牛场后应立即交给仓库保管员;④仓库保管员按购物清单一一核对(货物名称、数量、规格),无误后才能入库,并在购物清单上签名;⑤填写入库单。

2. 出库 ①由主持兽医填写领物单;②保管员根据领物单货物名称、数量、规格,填写出库单据,签名;③领物人员必须在出库单据上签名。

3. 保管 ①防潮、防尘、防盗、防腐、防火、防鼠;②账目日清月结;③仓库内不准会客,不准吸烟;④离开仓库必须锁门;⑤每月向牛场领导汇报兽药进库、出库、库存、仓库损耗（损耗原因、数量）及其他情况。

（四）**死亡牛档案** 包括牛号、牛栏号、性别、年龄、体重、处理方法、兽医签字。

（五）**防疫档案** 包括疫苗名称、接种时间、剂量，兽医签字。

（六）**消毒档案** 包括消毒药名称、浓度，消毒时间，兽医签字。

第二节　肉牛肥育期保健措施

一、架子牛运输期的保健措施

第一，运输车辆铺上垫草防滑。

第二，运输前，每头牛服用或注射维生素 A 50 万 ~ 100 万单位。

第三，运输途中，切勿紧急刹车，启动要慢，停车要稳。

二、架子牛过渡期的保健措施

（一）**加强饲养管理** 架子牛运输到牛场后，立即进行检疫、称重和消毒。采取恢复性饲养措施，尽快恢复其正常生活。保持牛舍干净、清洁、安静，营造一个有利于肉牛生长的生活环境。

（二）**驱虫** 驱除体内外寄生虫。

（三）**免疫接种** 肉牛肥育场应有计划地进行免疫接种，这是预防和控制肉牛传染病的重要措施之一。免疫接种工作会给牛场带来麻烦和增加费用，但是养牛者应该认识到发生传染病造成的损失更大。肥育牛场常用于肉牛预防接种的疫（菌）苗有以下几种。

1. 无毒炭疽芽胞苗 预防炭疽病。12月龄以上的牛皮下注射1毫升,12月龄以下的牛皮下注射0.5毫升。注射后14天产生免疫力,免疫期12个月。

2. Ⅱ号炭疽菌苗 预防炭疽。皮下注射1毫升。使用菌苗时,按瓶签规定的稀释倍数稀释后使用。注射14天后产生免疫力,免疫期12个月。

3. 气肿疽明矾菌苗(甲醛苗) 预防气肿疽病。皮下注射5毫升(不论牛年龄大小)。注射后14天产生免疫力,免疫期6个月。

4. 口蹄疫弱毒苗 预防口蹄疫病。周岁以内的牛不注射,1~2岁牛肌内或皮下注射1毫升,3岁以上的牛肌内或皮下注射3毫升。注射7天后产生免疫力,免疫期4~6个月。肥育牛接种口蹄疫A型、O型弱毒苗更安全保险。在生产实践中,接种疫苗的病毒型必须与当地流行的病毒型一致。否则,达不到接种疫苗的目的。

5. 牛出败氢氧化铝菌苗 预防牛的出血性败血症。肌内或皮下注射。体重100千克以下的牛注射4毫升,体重100千克以上的牛注射6毫升。注射21天后产生免疫力,免疫期9个月。

6. 牛副伤寒氢氧化铝菌苗 预防牛副伤寒病。1岁以下的牛肌内注射1~2毫升,1岁以上的牛肌内注射2~5毫升。注射14天后产生免疫力,免疫期6个月。

(四) 药物保健 为了保证肉牛在肥育全程中具有最好最大的采食量和较高的日增重,使肉牛具有健康的体质是十分重要的。为此,在肉牛配合饲料中长期饲喂(添加)符合我国卫生要求的抗生素和保健剂。可以用来保证肥育牛健康成长的药物有很多种类,现介绍以下一些药物,供参考(表8-2)。

表 8-2　肥育牛抗生素、保健剂、添加物的种类及添加量

药物种类	牛别	剂　量	作　用
金霉素	犊牛	25～70 毫克/头·日	促进生长,防治痢疾
金霉素	肉牛	100 毫克/头·日	促进生长,预防烂蹄病
金霉素＋磺胺二甲嘧啶	肉牛	350 毫克/头·日	维持生长,预防呼吸系统疾病
红霉素	牛	37 毫克/头·日	促进生长
新霉素	犊牛	70～140 毫克/头·日	防治肠炎,痢疾
青霉素	肉牛	7500 单位/头·日	防治肚胀
黄霉菌素	肉牛	30～35 毫克/头·日	提高日增重速度
黄霉菌素	犊牛	12～23 毫克/头·日	提高日增重速度,提高饲料利用效率
杆菌肽素	牛	35～70 毫克/头·日	提高增重,保健
泰乐菌素	肉牛	8～10 克/吨饲料	提高增重,保健
赤霉素	肉牛	80 毫克/头（15 日/次）	提高增重,提高饲料利用效率
黄磷脂霉素	牛	8 毫克/千克饲料	促进生长,提高饲料利用效率

说明:

1. 抗生素、保健剂的使用量都较微小,因此,在使用前应在特制的混合机内和敷料(或载体)一起充分搅拌(扩散处理)

2. 在使用瘤胃素时,千万注意防止马属动物接触,以免发生危险

3. 肥育牛使用药物后会在体内积存药的残留物,影响食用。因此,当使用上述药物促进肥育牛的增重或保健时,在屠宰前 3～4 周时要停止使用药物(不含泰乐菌素和瘤胃素)

三、架子牛肥育期的保健措施

第一,严格遵守肉牛肥育期的饲养管理制度,让肥育牛吃饱喝足和休息好。

第二,提高饲料配方的科技含量,配方变更时必须有过渡期。

第三,不喂霉烂变质饲料。

第四,坚决贯彻预防为主、防重于治的主动防疫制度。

第五,保持肥育牛舍的清洁卫生、干燥、安静。

第六,饮水充分、清洁卫生。

第七,饲养管理人员要爱牛爱岗,善意待牛,不鞭打牛。

第八,有条件的牛场、养牛户,可在牛舍、牛圈安装音响,播放轻音乐,营造轻松愉快的生活环境,形成牛的条件反射,有利于牛的身心健康。

第九,严禁使用违禁药品或低质超标添加剂喂牛。使用违禁药品和低质超标添加剂,不仅会影响肥育牛的健康,更会污染牛肉。

第十,本书第五章介绍了无公害牛肉生产中几种药物限量,生产中要尽量少用这一类的药,不得已时用药,一定注意停药时间。在使用表 8-2 中的抗生素、保健剂和添加剂时,也一定注意停药时间。一般来说,停药时间为出栏前的 60～90天。

第三节　肥育牛常见疾病的防治

肉牛肥育阶段比较常见的疾病有以下几种。

一、肥育牛腹泻

架子牛在肥育过程中,常常发生腹泻现象,有时粪便呈黑色,有时粪便呈黄色。

【病　　因】　①用发霉变质的饲料喂牛。②饲料配合不合理,饲喂精饲料量过大。③天气突然变化。

【主要症状】　腹泻。采食量显著下降。精神状态不好,低头、闭眼、尾巴不停地摆动等。

【治疗方法】　①由于细菌引起的腹泻,采用相应的治疗药物。②由于肥育后期饲喂精饲料量过大引起的腹泻,可在配合饲料中添加瘤胃素。每天每头的喂量为:0～5天,60毫克;6天后,200～300毫克。最大量不能超过360毫克,直到肥育结束。

【预防措施】 ①严禁用发霉变质的饲料喂牛。②变更饲料配方时应逐步完成,至少应有3～5天的过渡期。③在肥育期中,精饲料量的比例超过60%(干物质为基础)时,配合饲料中添加瘤胃素。

二、牛口蹄疫

口蹄疫是牛、羊、猪、狗等动物的一种急性、高度接触性传染病。其主要特征是口腔粘膜、蹄部趾间、蹄冠冠部皮肤及乳房皮肤发生水疱和溃烂。

【病　原】 致病原因是口蹄疫病毒。

【主要症状】 ①牛食欲下降,采食量减少,流涎,闭口,体温达40℃～41℃。②在牙龈、口腔唇部内侧面、舌表面及面颊部的粘膜有水疱,水疱有黄豆大到核桃大。③蹄部趾间、蹄冠冠部皮肤、乳房皮肤发生水疱和溃烂。

【治疗方法】

1. 口腔处理　用1%食盐水、0.1%高锰酸钾溶液冲洗口腔;溃烂面涂抹5%碘甘油(碘片5克,碘化钾5克,用少量酒精溶解后加甘油100毫升),或涂抹紫药水(浓度3%)。

2. 牛蹄处理　用来苏儿溶液(浓度3%)洗净牛蹄,患病部位涂擦鱼石脂软膏、松馏油,用绷带包裹。

3. 乳房处理　乳头的患病部位涂抹青霉素或磺胺软膏。

【预防措施】 ①长年防疫,重点做好春秋两季的口蹄疫疫苗接种,密度为100%。②新购进架子牛时,100%接种口蹄疫疫苗。③坚持长年防疫消毒,定期检疫。

三、炭疽病

【病　原】　由炭疽杆菌引起

【主要症状】

1. 急性　呼吸困难。突然发病倒地。眼结膜的颜色发绀。鼻、眼流血,血液不凝固,数小时死亡。

2. 慢性　有明显的腹部疼痛症状。便血。前胸、腰部有水肿病变。

【治疗方法】　①静脉注射抗炭疽血清 100～300 毫升,4～6 小时 1 次。②肌内注射青霉素 200 万～400 万单位,4～6 小时 1 次。

【预防措施】　①接种无毒炭疽芽胞疫苗,12 月龄以上的牛,皮下注射 1 毫升;12 月龄以下的牛,皮下注射 0.5 毫升。免疫期 1 年。②注射Ⅱ号炭疽菌苗,皮下注射 1 毫升。免疫期 1 年。

四、结膜炎

【病　原】　结膜炎又称红眼病,由一种病毒引起。

【主要症状】　①眼睛红肿。②眼睛有脓样分泌物,严重时眼球凸出,失明。③食欲不振。

【治疗方法】　①先用生理盐水清洗眼部,再用眼药水滴眼,1 日数次。②控制体温。

【预防措施】　①不在有结膜炎病区采购架子牛。②新采购的架子牛进场时一律用眼药水滴眼。

五、前胃弛缓

牛前胃弛缓是牛肥育期最为常见的疾病之一。中兽医称之为"胃寒不吃草"。常常由于前胃机能紊乱,导致肥育牛的食欲下降、绝食,胃蠕动减弱甚至停止,有时伴有腹泻现象。

【病　　因】　造成肥育牛前胃弛缓的原因较多,归纳有以下几种。

1. 饲料配合、配方不合理　或者精饲料比例过高,或者酒糟、粉渣饲料的比例过大,或者块根饲料、多汁饲料的比例过高。

2. 饲养制度不合理　饲养方法的突然改变,如粗饲料型配合饲料突然改为精饲料型配合饲料,导致粗饲料采食量显著减少,而精饲料采食量过量增加,造成前胃机能的紊乱。

3. 饲料单一　饲料单一,导致饲料营养成分的极度不平衡,牛食欲下降,采食量减少。

4. 饮水质量差　饮水量少或饮水不及时,或水不清洁,尤其饲喂较多的干粗饲料时易发生前胃弛缓。

5. 喂料不及时　两次喂料的间隔时间太长,肥育牛一次采食量过多。

6. 天气突然变化　突然变化了的天气,导致肥育牛抵抗力下降,前胃蠕动减弱甚至停止。

7. 其他原因　由于创伤性网胃炎、寄生虫病(如肝片吸虫病、血孢子虫病)、传染病(流行热)等诱发。

【主要症状】　病牛无反刍或反刍极缓慢。病牛停止采食、停止饮水。听诊时瘤胃蠕动减弱甚至停止。牛粪便呈块状或索条状,上附粘液。有时先便秘,后腹泻,或两者交替进行。病牛严重脱水,卧地不起。

【治疗方法】

治疗方案一　用酒石酸锑钾药 6～12 克,溶化于 100～200 毫升水中,1 次灌服。

治疗方案二　按肥育牛体重大小,皮下注射氨甲酰胆碱。

治疗方案三　用4%碳酸氢钠溶液或0.9%食盐溶液充分洗胃,洗胃以后给牛补充液体。液体配方为:5%葡萄糖生理盐水1 000~3 000毫升,20%葡萄糖溶液500毫升,5%碳酸氢钠溶液500毫升,20%安钠咖10毫升。1次静脉注射。或10%氯化钠溶液500毫升,20%安钠咖10毫升。1次静脉注射。

治疗方案四　氯化钠25克、氯化钙5克、葡萄糖50克、安那咖1克、蒸馏水500毫升。灭菌,1次静脉注射。

治疗方案五　人工盐250~300克,或硫酸镁500克,加水溶化,灌服。

治疗方案六　灌服健胃剂。龙胆酊、大黄酊█50~80毫升,1次灌服。

治疗方案七　防止胃肠异常发酵,可灌服福尔马林10~15毫升,或鱼石脂10~15克、酒精100~150毫升,加水,1次灌服。

【预防措施】　①杜绝各种致病原因的发生。②█中精饲料比例较高(60%以上)时,每头牛█200~300毫升。③喂牛的饲料防止铁丝██入,以免伤及网胃。

六、瘤胃臌胀

【病　因】　①饲料配方不当,或饲料搅拌不均匀,致使个别肥育牛吃了过量的易发酵饲料,如青饲料、红薯块和精饲料等。②管理不当,肥育牛跑出围栏,采食大量的精饲料。③由于饥饿,采食了较大量发霉变质饲料。

以上几种情况,极容易造成肥育牛瘤胃内容物在短时间之内急剧发酵，产生大量的气体，不易排出，形成瘤胃臌胀。另外，瘤胃积食、创伤性网胃炎疾病等因素，也会诱发瘤胃臌胀。

【主要症状】 ①牛的腹部急剧臌胀，左侧䏶窝显著臌起，用手敲打时能听到鼓音。②食欲、反刍完全废绝。③病牛惊恐不安，四肢开张，呼吸困难，严重时张口伸舌，口角流涎，随着病情加剧，卧地不起，呼吸越来越困难。

【治疗方法】 ①病情较轻时，用木棒消气法可获得较好的治疗效果。具体方法是，用1根木棒（长30厘米），压在牛的口腔内，木棒两端露出口角，两侧用细绳拴在牛角上，并在□□□涂抹食盐之类有味的东西，利用牛张口、舔木棒动作，□□体逐渐排出。②食用醋500～1 000毫升，加植物油□□□～1 000毫升，1次灌服。③灌服泻药。硫酸镁500～1 000克，液体石蜡油1 000～1 500毫升，松节油30～40毫升，加水适量，1次灌服。④生石灰500克，加水3 000～□□□毫升，充分搅拌均匀，沉淀，取上清液适量灌服。⑤排气□□□管经食管插入瘤胃，使气体由导管排出。要掌握□□□气速度太快。也可用套管针头排气。在腹部左侧，□□□□□套管针刺入瘤胃后再取出套管针针芯，气体由套管排出，慢慢排气。快速排气会发生死牛现象。

用套管针排气时，如遇排气受阻，或排出泡沫，可进一步诊断为泡沫性臌气病。治疗泡沫性臌气病：聚氧化丙烯与聚氧化乙烯合剂20～25克，灌服；或消泡剂（聚合甲基硅油）30～60片，灌服。

【预防措施】 ①切实做好肥育牛的饲料配合与搅拌，饲料配方不轻易变更。②采用野草喂牛，要检查有无毒草，如野草毒芹、毛茛等。③防止用霉烂变质饲料喂牛。④饲养管理制度化,并防止牛跑出围栏。

七、瘤胃积食

【病　　因】　①肥育牛突然采食大量精饲料(发生于牛跑出围栏);或肥育牛在较长期采食粗饲料比例较低的(粗饲料比例小于15%)配合饲料。②其他疾病诱发(如瘤胃迟缓、重瓣胃阻塞、创伤性网胃炎等)。

【主要症状】　①食欲、反刍完全废绝。②牛鼻镜无水珠(干燥),腹痛不安(回头望腹、后肢踢腹、摇尾弓背)。③腹围增大,左侧下部尤为明显。④排粪次数增加,排粪数量减少。⑤触摸瘤胃时可感到瘤胃坚实;听诊瘤胃时瘤胃蠕动音减弱,次数减少,严重时瘤胃停止蠕动。⑥呼吸困难。

【治疗方法】

1. 饥饿疗法　用于治疗病情较轻的病牛。在发现病牛后停止喂精饲料1~2天,但饮水供应充足,并限量饲喂优质干草、青贮饲料和鲜草。

2. 灌服泻药　用硫酸钠或硫酸镁500~1 000克,溶解于水,配制成10%的溶液,1次灌服。或用石蜡油1 000~1 500毫升,蓖麻油500~1 000毫升,1次灌服。用过泻药后,给牛补充生理盐水5 000毫升。

3. 强制瘤胃蠕动　用酒石酸锑钾8~10克,溶于水。每日灌服1次,连续2~3天。

4. 洗胃　用浓度为4%的碳酸氢钠溶液洗胃,尽量将瘤胃内容物洗出。洗胃后大量补充生理盐水。

【预防措施】　①防止肥育牛在较长时间内吃不到饲料,饥饿暴食,短时间内饲料采食过量,造成瘤胃积食。②配合饲料的变更要逐渐完成,突然变更饲料配方,易引起肥育牛在短时间内饲料采食过量,造成瘤胃积食。③防止肥育牛出栏偷吃精饲料。④在高精饲料强度催肥育阶段,配合饲料中加瘤胃素。

八、创伤性心包炎

【病　　因】　饲料中混有铁丝、铁钉及其他尖锐金属物品,随饲料进入牛的第一胃,继而这些金属物进入网胃。网胃与心脏仅一膜相隔,随胃的蠕动,铁丝等金属极易刺破胃壁,伤及心包,造成心包炎。

【主要症状】　①牛毛粗糙,无光泽。②弓背,喜站立,不愿意卧地。

【治疗方法】　由于治疗效果差,因此,一旦确诊,立即淘汰。

【预防措施】　①在饲料粉碎机入口处放置强磁铁,吸附铁丝等金属物。②喂饲料前检查饲料中有无铁丝等金属物。③定期用磁棒放入胃内吸附。

九、肝脓肿

【病　　因】　①高精饲料肥育阶段,营养代谢紊乱。②体内寄生虫侵犯肝脏。

【主要症状】　①食欲减退,采食量下降,逐渐消瘦。②测量体温时常有低热现象。

【治疗方法】　①注射青、链霉素,上午、下午各 1 次,达到控制体温的目的。②使用保肝药物(投喂或注射)。

【预防措施】　①驱除体内寄生虫。②高精饲料催肥阶段,配合饲料中加瘤胃素(36～300 毫克/头·日)。③配合饲料中添加泰乐菌素(8 克/1 000 千克饲料)。

十、黄曲霉毒素中毒

【病　　因】　各种用来喂牛的精饲料(玉米、大麦、花生、小麦、麸皮、米糠等)如含水量较高(含水量大于18%),仓库温度较高,极易为黄曲霉菌感染。肥育牛吃食被黄曲霉菌感染的饲料后发病。

【主要症状】　①精神沉郁,对外界反应迟钝。②食欲不振、反刍减少或停止。③瘤胃臌胀,贫血,消瘦。

【治疗方法】　①硫酸镁500～1 000克或人工盐300克,加水溶解,1次灌服,连用3天。②25%葡萄糖溶液500毫升,20%葡萄糖酸钙溶液500毫升,静脉注射。③5%葡萄糖生理盐水1 000毫升,20%安钠咖10毫升,40%乌洛托品50毫升,四环素250单位,静脉注射。④多喂青绿饲料、青贮饲料。

【预防措施】　①精饲料的含水量15%以下才能贮存,仓库要通风良好。②定期检查。③不用霉变饲料喂牛。

十一、霉稻草中毒

【病　　因】　水稻收割后,稻草未能晾干,又遇天阴雨多,一些真菌(镰刀菌)寄生于稻草,引起稻草发霉变质。较长时间饲喂霉变稻草,真菌产生的毒素引起牛的慢性或急性中毒。

【主要症状】　①耳朵尖端、尾巴尖坏死,干硬,暗褐色,与健康组织界限分明,最后脱落。②蹄冠部、系部脱毛,有黄色液体渗出,继而皮肤出血、化脓、坏死、腐臭,疮面久不愈合,蹄匣松动脱落。③蹄趾部有痛感,跛行明显。

【治疗方法】　①用0.1%高锰酸钾溶液、3%双氧水、0.1%新洁尔灭冲洗患部,涂布磺胺、抗生素(四环素、红霉素软膏),并用绷带包裹。②10%～25%葡萄糖溶液1 000～1 500毫升,5%维生素C 40～60毫升,5%碳酸氢钠溶液500毫升,1次静脉注射,连用3天。③加强病畜护理,单独饲喂,饲喂优质牧草。④保持牛围栏干燥,铺垫草。

【预防措施】 收割的稻草应及时晾干。已晾干的稻草防雨防潮。杜绝用发霉变质的稻草喂牛。

十二、瓣胃阻塞

【病 因】 ①长期饲喂稻草、麦秸、豆秆等难于消化而又富含粗纤维素的饲料。②较长时间饲喂米糠、麸皮(粉碎很细)。③饲料中含泥沙过多。

【主要症状】 ①空咀嚼,磨牙,食欲废绝。②排粪数量少而干,呈黑球状,粪的表面有白色粘液。

【治疗方法】 ①瓣胃注入泻剂疗法。于右侧第九肋骨间和肩骨前端水平线交叉点,针尖垂直刺入肋间肌肉后,斜向对侧肘突刺入6～12厘米,注射5%～8%硫酸钠溶液300～500毫升。②硫酸钠500～800克、液体石蜡油1 000～1 500毫升、鱼石脂20克,加水10 000毫升,1次灌服。同时补充体液:5%葡萄糖生理盐水1 500～2 000毫升,10%安钠咖20毫升,40%乌洛托品50毫升。1次静脉注射。③手术治疗。切开瘤胃或皱胃,取出瓣胃的食物,再用0.9%生理盐水冲洗瓣胃。

【预防措施】 米糠、麸皮、玉米等精饲料不要粉碎过细,饲料中不要带泥沙。

十三、体内寄生虫病防治

(一) 肝片形吸虫的驱除

1. 硝氯酚(拜尔9015) 本药品有粉剂、片剂、针剂3种类型,前2种类型可以灌服,也可以混在饲料中。灌服药量按肥育牛体重(每千克体重给药3～4毫克);注射用量为0.5～1毫克/千克体重。注射驱虫方便,准确性高。发生中毒时,注射葡萄糖液,或把牛牵到阴凉处,喷洒凉水。

2.四氯化碳 按每100千克体重注射3～5毫升(注射时用四氯化碳和等量的液体石蜡,混合均匀,分点在深部肌内注射)。发生中毒时,静脉注射5%的氯化钙,1次注射80～100毫升。

(二)圆线虫的驱除 每千克体重用左旋咪唑8毫克,溶于水中,灌服。或左旋咪唑用无菌生理盐水配制成浓度为5%的注射液,肌内注射。

(三)绦虫的驱除

1.二氯酚 每千克体重用药40～60毫克,混合在饲料中喂给(混合均匀)。

2.灭绦灵(氯硝柳胺) 每千克体重用药60～70毫克。将药放在牛的舌根处,由牛自己吞咽。

(四)泰勒焦虫的驱除

1.贝尼尔三氮脒 每千克体重用药3.5～7毫克。配制成浓度7%的溶液,肌内注射。连用3天。

2.阿卡普林(硫酸喹啉脲) 每千克体重用药1毫克。用生理盐水配制成1%～2%的溶液,皮下注射。

3.黄色素 每千克体重用药3～4毫克。用生理盐水配制成0.5%～1%的溶液,静脉注射。

(五)牛皮蝇蛆的驱除

1.倍硫磷 每千克体重用药7～10毫克,肌内注射。或配制成浓度2%的药液(体重200～400千克用药液100毫升,400千克以上用药液125毫升)喷洒在牛的肩部到牛尾根部的皮肤上。遇到中毒时可用阿托品解毒。每年9月份用药较好。

2.敌百虫　配制成浓度2%的药液涂抹在牛的背部皮肤上。最好涂擦3～5分钟。间隔25～30天用药1次。或配成10%～15%的敌百虫注射液,每千克体重0.1～0.2毫升,肌内注射。

3.灭蝇药　牛皮蝇蛆成虫的活动期为每年的4～6月份,在此时间用灭蝇药喷洒在牛背部皮肤上,5～6天喷洒1次。

4.蝇毒磷　每千克体重用药4毫克,配制成15%的丙酮溶液,肌内注射。

(六)驱虫注意事项　①新购买的架子牛进肥育场10～15天后都要驱虫。②驱虫前要做好解毒药品的准备工作。③在进行大群体驱虫时,应进行小群体的试验,防止大群牛的中毒。④驱虫后的2～5小时内,必须有专人值班,观察牛。一旦发现中毒现象,立即进行解毒处理。⑤正在驱虫的牛粪,应堆积发酵处理后才能做农家肥料。

十四、体外寄生虫病的防治

(一)疥螨虫的防治

1.药浴或淋浴　用林丹乳油、杀虫脒或新上市的杀螨药,配制成药液药浴或淋浴。

2.皮下注射　用伊维菌素,每千克体重用药200微克。

(二)硬蜱虫　杀硬蜱虫药有敌百虫(浓度为1%)、蝇毒磷溶液(浓度为0.05%),喷洒或涂擦于牛体躯的皮肤上。

第四节　传染病牛的处理

肥育牛场万一发生了传染病,应按以下程序处理。

第一,在肥育牛场兽医确认为传染病后,立刻隔离病畜,指定专人专责护理。

第二,应以最快的速度向县(市)级动物防疫机构报告。

第三,隔离区的出入口必须设置消毒设施,人员出入都要严格消毒。

第四,隔离区的用具、围栏、场地必须严格消毒。

第五,牛粪、牛尿液、垫草及被污染的物品,必须在兽医人员的监督下进行无害化处理。

第六,已确认为染疫牛,要采用不流血方法扑杀。疫牛扑杀后进行无害化处理。

第九章　肥育牛牛场建设

第一节　肥育牛场场址选择

一、肥育牛场场址选择的原则

（一）**地势**　肥育牛喜好干燥环境，因此，牛场场址的地势应稍高。如地势稍微低一些，可在建设牛舍时把地基填土加高。

（二）**气象条件**　了解长年主风向，以便设计生产、生活区。了解近10年的各月平均气温，最高、最低极端气温，以便考虑牛舍的高度、通风条件、朝向等。对当地的降水量（全年各月分布）进行考察，以便设计排水。

（三）**距离居民点**　肥育牛舍距离居民点的安全距离至少500米。

（四）**距离有毒有害生产源的距离**　肥育牛舍距离有毒有害生产源的安全距离至少2千米。

（五）**距离猪场和鸡场的距离**　肥育牛舍距离猪场和鸡场的安全距离至少1千米。

（六）**交通**　牛场交通方便。同时距离主要交通主干线至少要1 000米。

（七）**面积**　每头牛占用建筑面积30～35平方米。

（八）**水源**　最好在牛场内或离牛场近（10～20米）的地点取深层（100米以下）水。每天的用水量（牛每天每头饮水量30升，加上饲料搅拌用水、饲管人员生活用水、冲洗牛食槽、水槽用水等)按 50 升设计。

（九）供电　牛场用电要有保证。

（十）排水　排水便捷。

（十一）离周边玉米种植区的距离　最好小于 5 千米。

二、肥育牛场的规划

（一）竖向规划　要结合场区自然地形,竖向规划布置采用平坡式与台阶式相结合。排水坡度在 1°～1.5°,各建筑物、构筑物向其周围最近的道路路面倾斜。场地雨水排放水方式采用暗沟与暗管相结合,最后排放到场外排水沟渠。

场区道路要满足场内外交通运输和消防要求。要与通道、管线相协调,与场内建筑物平行,呈直交或环状布局。道路宽为 4～6 米,道路路面为水泥面。

牛舍间竖向的间隔距离为 20 米。

（二）横向规划　牛舍间横向的间隔距离为 15 米。道路宽为 4～6 米。道路路面为水泥面。

（三）绿化　绿化可以美化环境,遮阳防风,固沙保土,调节小气候,防止污染,保护环境。绿化带宽度为 20～30 米。

绿化物有植树造林(选择高、中、矮 3 层)、种花、种草。

三、功能区布局

（一）生产区　包括牛舍、青贮饲料窖、粗饲料堆放地及加工处、精饲料堆放地及加工处、工具间。

（二）办公与生活区　包括办公室、职工宿舍、职工食堂、职工医疗卫生点、停车场、娱乐场所、浴室。

（三）绿化带　占总建筑面积的30%左右。

（四）隔离区　病牛隔离区距离健康牛舍100米以外。

（五）污染道　粪尿运输道。

（六）清洁道　饲料运输道。

（七）牛粪堆放点　牛粪堆放点距离健康牛舍100米以远(图9-1)。

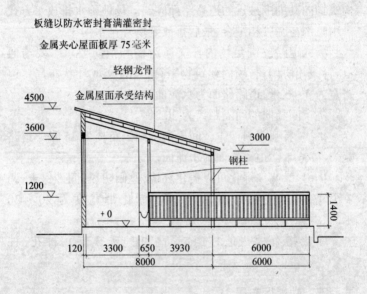

图 9-1　肥育牛厂平面图(1:1000)

（单位:毫米）

第二节　肥育牛舍建设

一、肥育牛舍类型

(一) 单列式牛舍

1. 单列式半封闭牛舍

(1) 单列式半封闭围栏牛舍　①单列式半封闭围栏牛舍的通道设在南面,适合气温偏高地区;②单列式半封闭围栏牛舍的通道设在北面,适合气温偏低地区。

单列式半封闭牛舍应根据地形确定其长度和宽度。牛舍内每个围栏的面积,以 40～60 平方米较好,养牛 10～15 头。

单列式半封闭围栏牛舍如图 9-2。

(2) 单列式半封闭拴系牛舍　通道设在南面的,适合于气温偏高的地区;通道设在北面的,适合于气温偏低的地区。

2. 单列式全封闭牛舍

(1) 单列式全封闭围栏牛舍　通道设在南面的,适合于气温偏高的地区;通道设在北面的,适合气温偏低的地区。

(2) 单列式全封闭拴系牛舍　通道设在南面的,适合于气温偏高的地区;通道设在北面的,适合于气温偏低的地区。

3. 单列式牛舍的坐向　均为坐北向南。

4. 单列式牛舍高度　由于形式不同,高度不一样。

(1) 一面坡单列式牛舍

①北高南低一面坡的单列式牛舍(中部地区):前缘(南)的高度 2.6～2.8 米,后缘(北)的高度 3.2～3.4 米。

②南高北低一面坡的单列式牛舍(北方寒冷地区):前缘(南)的高度 2.6～2.8 米,后缘(北)的高度 2.2～2.4 米。

(2) 两面坡单列式牛舍

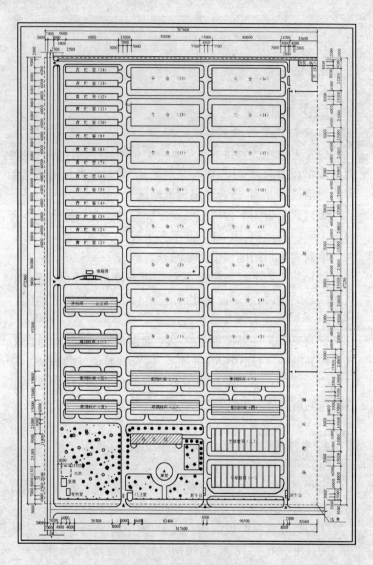

图 9-2 单列式半封闭围栏牛舍

第一,北高南低时,前缘(南)的高度 2.6～2.8 米,后缘(北)的高度 3.2～3.4 米。

第二,南高北低时,前缘(南)的高度 2.6～2.8 米,后缘(北)的高度 2.2～2.4 米。

第三,南北高度相同时,前缘(南)的高度 2.6～2.8 米,后缘(北)的高度 2.6～2.8 米,脊高 4～4.2 米。

5. 单列式牛舍跨度　非机械作业跨度 11.2 米(棚舍跨度4.2 米);机械作业跨度 13～13.2 米(棚舍跨度 8～8.2 米)。

6. 单列式牛舍的通道宽度　非机械作业宽度 1.2 米;机械作业宽度 3～3.2 米。

7. 单列式牛舍的墙体　根据当地建材条件选择。北墙设窗户。

(二) 双列式牛舍

1. 双列式半封闭牛舍

(1) 双列式半封闭围栏牛舍　双列式半封闭围栏牛舍分为通道设在南北和通道设在中间两种类型(图 9-3)。

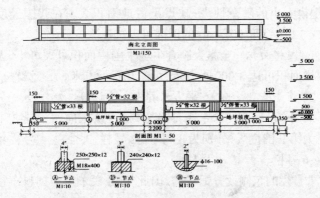

图 9-3　双列式半封闭围栏牛舍（单位:毫米）

(2) 双列式半封闭拴系牛舍　双列式半封闭拴系牛舍，分为通道在南北和通道设在中间两种类型。

2．双列式全封闭牛舍

(1) 双列式全封闭围栏牛舍　分为通道设在南北和通道设在中间两种类型。

(2) 双列式全封闭拴系牛舍　分为通道设在南北和通道设在中间两种类型。

3．双列式牛舍高度　单列式牛舍由于形式不同，高度不一样。而双列式牛舍前缘和后缘的高度是一样的，一般高度为 3.2～3.4 米，脊高为 4.6～4.8 米。

4．双列式牛舍跨度　非机械作业跨度 22～23 米(棚舍跨度 12 米)，机械作业跨度 24～24.2 米(棚舍跨度 13～13.2 米)。

5．双列式牛舍的通道宽度　非机械作业宽度 2 米，机械作业宽度 3～3.2 米。

(三) 露天牛舍　全露天肥育牛舍优点是投资少，易迁移，规模大小的随意性大；缺点是占地面积大。在我国经度 110°～120°，纬度 30°～40°的地区可以试建。

1．围栏面积　全露天肥育牛场牛围栏面积可大可小，大的围栏面积可达 3 000 平方米，小的几百平方米。

2．养牛头数　按 15 平方米养牛 1 头计算。

3．牛围栏排列(以东西排列为例)　从东向西设计 8 个围栏为第一围栏区，分别为 1 号栏、2 号栏、3 号栏、4 号栏、5 号栏、6 号栏、7 号栏、8 号栏。

1 号栏的东侧设置饲料槽，因此，1 号栏东边为饲料车行走道。

1 号栏的西边和 2 号栏的东边相邻，间隔为 4 米，为牛的通道和牛舍排水道。

1 号栏从东向西倾斜（倾斜度 0.8°~1°）。

2 号栏从西向东倾斜（倾斜度 0.8°~1°）。

2 号栏的西侧设置饲料槽,因此,2 号栏西边为饲料车行走道。

3 号栏的东侧设置饲料槽,因此,3 号栏东边为饲料车行走道。

3 号栏的西边和 4 号栏的东边相邻,间隔为 4 米,为牛的通道和牛舍排水道。

3 号栏从东向西倾斜（倾斜度 0.8°~1°）。

4 号栏从西向东倾斜（倾斜度 0.8°~1°）。

4 号栏的西侧设置饲料槽,因此,4 号栏西边为饲料车行走道。

5 号栏的东侧设置饲料槽,因此,5 号栏东边为饲料车行走道。

5 号栏的西边和 6 号栏的东边相邻,间隔为 4 米,为牛的通道和牛舍排水道。

5 号栏从东向西倾斜（倾斜度 0.8°~1°）。

6 号栏从西向东倾斜（倾斜度 0.8°~1°）。

6 号栏的西侧设置饲料槽,因此,6 号栏西边为饲料车行走道。

7 号栏的东侧设置饲料槽,因此,7 号栏东边为饲料车行走道。

7 号栏的西边和 8 号栏的东边相邻,间隔为 4 米,为牛的通道和牛舍排水道。

7 号栏从东向西倾斜（倾斜度 0.8°~1°）。

8 号栏从西向东倾斜（倾斜度 0.8°~1°）。

8号栏的西侧设置饲料槽,因此,8号栏西边为饲料车行走道。

如此设计,形成波浪式。南北向的倾斜度0.6°~0.7°。

养牛较多者,需要设计第二、第三甚至更多的围栏区。

在每个围栏内设饮水槽1个(长2~3米),槽高0.8~1米,槽宽1米,中间用铁管隔开,每侧宽0.5米,自动供水。

在每个围栏内设解痒架,用拖拉机的大轮胎(废轮胎)外壳,一分为二,高1.2~1.3米。牛可以自由摩擦解痒。

二、肥育牛舍地面

(一) 有顶棚牛舍地面

1. 水泥地面

(1) 水泥地面的优点 ①传热、吸热速度快。②地面平整、美观。③易清洗、易清除粪便。④便于消毒、防疫。⑤排水性能好,使用寿命长。

(2) 水泥地面的缺点 ①热反射效应强。②冬季保温性能差。③地面坚硬,易损伤牛的关节。④易被粪尿腐蚀。

2. 立砖地面

(1) 立砖地面的优点 ①传热、吸热速度慢。②冬季保温性能较好。③热反射效应较小。④地面硬度较水泥地面软,有利保护牛的关节。

(2) 立砖地面的缺点 ①不如水泥地面容易清洗、清除粪便。②消毒、防疫不如水泥地面方便。③排水性能不如水泥地面。④使用寿命短。

3. 三合土地面

(1) 三合土地面的优点 ①冬暖夏凉。②地面软,有利保护牛的关节。③造价低。

（2）三合土地面的缺点　①不易清洗、清除粪便。②不便于消毒、防疫。③排水性能差。④易形成土坑,使用寿命短。

4．木板地面

（1）木板地面的优点　①冬暖夏凉。②地面软,有利保护牛的关节。③牛舒适。

（2）木板地面的缺点　造价高,使用寿命短。

5．建排水沟　为了保持牛栏地面的干燥,采用在牛舍周边挖水沟可以达到目的。水沟深 1.5 米,宽 2 米。在牛舍周边挖水沟还可以达到省围墙、防盗、防牛逃跑,有利于环境保护等目的。

6．地面坡度　无论是水泥地面还是立砖地面和三合土地面,自牛食槽至粪尿沟应有 1°～1.5°的坡度。

（二）无顶棚(露天)围栏肥育牛舍地面　无顶棚(露天)围栏最好选择有坡度(5°～8°)的草地或将地面夯实。

三、肥育牛舍顶棚

用于肥育牛舍顶棚的材料较多,有水泥瓦、砖瓦、彩色板、瓦楞铁板。各有优缺点。

（一）水泥瓦顶棚

1．水泥瓦顶棚的优点　使用寿命长,牛舍顶棚厚,冬暖夏凉。

2．水泥瓦顶棚的缺点　建筑材料较多,成本较高。

（二）砖瓦顶棚

1．砖瓦顶棚的优点　使用寿命长,牛舍顶棚厚,冬暖夏凉。

2．砖瓦顶棚的缺点　建筑材料较多,成本较高。

（三）彩色板顶棚

1. 彩色板顶棚的优点　外形美观大方,有档次,施工便捷。

2. 彩色板顶棚的缺点　造价高,易老化,使用寿命短。热辐射大。抗风力稍差。

（四）瓦楞铁板顶棚

1. 瓦楞铁板顶棚的优点　不易老化,使用寿命长。外形美观大方,有档次。施工便捷。

2. 瓦楞铁板顶棚的缺点　造价高,热辐射大,抗风力稍差。

四、肥育牛食槽

制作肥育牛舍食槽的材料多种多样,各地可因地制宜选材用材。但是制作时必须做到食槽底不能有死角(呈 U 字形),肥育牛食槽尺寸如图 9-4。

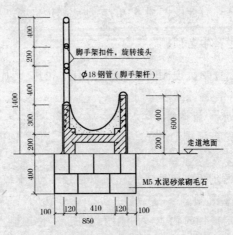

图 9-4　全露天牛围栏食槽（单位:毫米）

五、肥育牛饮水槽

1. 水泥饮水槽　肥育牛饮水槽一般为水泥饮水槽。饮水槽的尺寸为长 600 毫米,宽 400 毫米,高 250 毫米。

设有进水口和排水口。进水口设在饮水槽的上方或侧面,其高度应与饮水槽的水面一致。排水口设在饮水槽的底部,用活塞堵截。

2. 碗式饮水器　碗式饮水器由水盆、压水板、顶杆、出水控制阀、自来水管等组成。当牛鼻接触压水板时,通过顶杆打开出水控制阀,向水盆供水;当牛鼻脱离压水板,出水控制阀关闭,停止供水(图 9-5)。

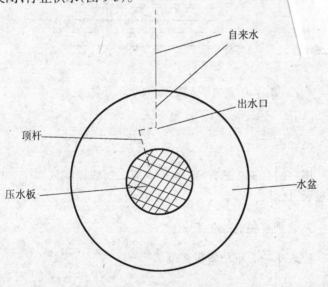

图 9-5　碗式饮水器

六、肥育牛舍围栏

单列式、双列式肥育牛牛舍围栏栅尺寸如图9-6。

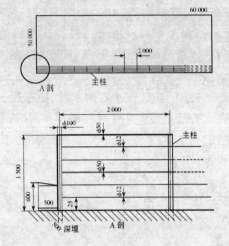

图 9-6　肥育牛舍围栏栅尺寸　（单位:毫米）

七、围　栏　门

围栏门宽 1.2 米,高 1.4 米。围栏门栏栅宽度和牛舍围栏栅尺寸相同。

八、肥育牛的拴牛点

肥育牛拴牛桩位置见图9-7。

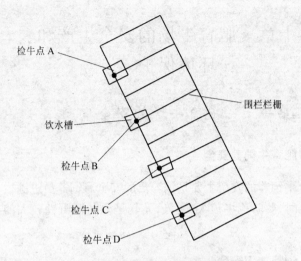

检牛点 A

围栏栏栅

饮水槽

检牛点 B

检牛点 C

检牛点 D

图 9-7 肥育牛拴牛桩

九、建筑材料

不论何种形式牛舍的建筑材料,都应因地制宜选材。做到坚固耐用,价格便宜,取材方便。

第十章　肥育牛场的安全生产和环境保护

第一节　肥育牛场的安全生产

一、肥育牛饲养安全

肥育牛饲养的安全主要是饲养员的安全。饲养员进围栏打扫卫生时，要防范牛顶人、踢人，尤其是要防范野性较大的牛。

二、饲料加工安全

第一，青贮饲料收割时，严禁割台前站人。

第二，粗饲料加工粉碎时，操作人员要戴安全帽，穿戴工作服。严禁戴手套操作，严禁留长发，严禁用手硬推粗饲料入粉碎机。

第三，精饲料加工粉碎时，操作人员要戴安全帽，穿戴工作服。严禁戴手套操作，严禁留长发。

三、防火安全

一是肥育牛场的防火工作应长年抓，在冬季特别要注意粗饲料的防火。

二是设防火标识，划定防火区。

三是防火区内严禁吸烟。

四、用电安全

第一,电工凭证上岗,无证严禁操作。

第二,制定用电操作规程。

第三,有电击危险点设防电击标识。

第二节　肥育牛场的环境保护

一、肥育牛场地的污染源

(一)肥育牛场的污染源　①牛粪牛尿。②生产生活废水。③机器运转的噪音。④锅炉烟尘。⑤粗饲料粉碎时的灰尘。

(二)污染物数量

1. **牛粪牛尿**　每头肥育牛每天排泄的牛粪牛尿量(平均数)25千克。

2. **生产生活废水**　每头肥育牛每天平均量约10升。

3. **机器运转的噪音**90～100分贝。

4. **锅炉烟尘**　锅炉烟尘排放量约为0.1千克/小时,二氧化硫排放量约为0.35千克/小时,烟气排放量为605立方米/小时。

5. **粗饲料粉碎时的灰尘**　粉碎车间内的粉尘浓度大于10毫克/立方米,排出车间外粉尘的浓度超过150毫克/立方米。

二、污染物处理技术

(一)牛粪牛尿

第一,每日清扫粪尿2次。

第二,牛粪尿运输到指定堆放处,堆放 15 天左右,制成干有机肥料或直接用作肥料。

第三,设牛尿废水沟,流至发酵池发酵后做肥料。

（二）生产生活废水　流至发酵池进行沉淀、净化、消毒处理。

（三）噪音处理

1. 锅炉降噪音措施

一是鼓风机和引风机采用消声器和隔音筒等降低噪音装置。

二是消声器和隔音筒与风机、管道连接处采用密封垫,以减少机器振动的传递,降低噪音。

三是引风机、电机、鼓风机等设备安装减震设备。

四是引风机、鼓风机设置在噪音隔离机房内。

2. 粉碎机降噪音措施　①粉碎机设置在噪音隔离机房内。②采用复合阻音钢板制作溜管。

经过处理后,噪音小于 85 分贝。

（四）锅炉降烟处理

1. 锅炉烟囱要有一定的高度　烟囱的高度要根据当地的风速、烟尘的浓度与周边建筑物的高度等综合考虑,一般为 15~25 米。

2. 锅炉安置脱硫除尘设备　除尘率大于 95%,脱硫效率 80%~90%,脱氮效率大于 28.2%。

（五）粗饲料粉碎时的灰尘处理　设置除尘风网。在饲料提升输送口、卸料口、粉碎机粉碎处、成品包装处设置吸尘口,使粉尘经风管吸入脉冲布袋除尘器中,除尘率可达 99%。粉碎车间内的粉尘浓度小于 10 毫克/立方米,排出车间外粉尘的浓度低于 150 毫克/立方米。

第十一章　肉牛屠宰与胴体分割

肉牛屠宰和加工环节是肉牛产业链中非常重要的一环，也是显示养牛效益高低的一环。目前社会上流传的"养牛的（效益）不如贩牛的，贩牛的不如宰牛的，宰牛的不如卖肉的"，也说明了肉牛屠宰加工在肉牛产业链中的重要性。笔者建议具备条件的养牛户要把牛的肥育饲养、肉牛屠宰及加工、牛肉销售三者融为一体。也就是前店后场式的经营模式。

第一节　肉牛屠宰工艺流程

根据笔者多年的实践，参考北京、上海、广州等涉外 4~5 星级饭店用肉标准和国内外有关资料，将肉牛屠宰工艺归纳成文，供生产、科研参考（图 11-1）。

```
                    ┌→病牛处理
待宰肥育牛→检疫→称重→待宰栏→冲淋→通道→屠宰笼→吊挂（击昏）→宰
杀（阿訇）→放血（沥血）→低压电刺激→预剥后肢皮→转轨去角→去耳朵→去前
蹄→去后蹄→预剥腿皮、腹皮→机器剥皮→锯胸骨→剖腹取肠胃→去头→取心、
肝、肺→冲洗胴体→胴体劈半→兽医检疫 →胴体修整→胴体称重→冲洗胴体→
                              └→病牛胴体处理
入预冷间→入排酸间
```

图 11-1　肉牛屠宰工艺流程

一、肉牛屠宰前的技术规范

第一，屠宰前 18~24 小时停止喂料、放牧，饮水要充分。

第二，屠宰前 8 小时停止饮水。

第三,屠宰前5~10分钟个体称重并做记录,编写屠宰牛号。

第四,屠宰前1~2小时将牛转移至待宰间,冲刷牛蹄及喷淋、清洁牛体。

第五,保持待宰间清洁安静。

第六,要尽量减少牛在屠宰前的应激反应。由待宰间赶至屠宰间,切忌鞭打,在通道内慢慢驱赶;将通道做成S弯曲形,后面的牛看不到前面的牛;及时冲洗,使牛见不到血,闻不到血腥味;改进屠宰笼设计,由挤压式环境改为宽松环境。

二、屠宰工艺技术规范

（一）**击昏** 采用电击或点穴（刺断延脑术），禁止用铁、木锤击打牛头致昏。清真屠宰时,由阿訇决定可不可以采用电击或点穴。

（二）**吊宰** 已击昏的牛用牵牛机或电葫芦吊起置屠宰轨道放血。在颈下缘喉头部切开,清真屠宰时由阿訇行第一刀。

据介绍,最近国外研究发现,采用平宰（牛躺在平台上宰杀）工艺的放血效果也很好。

（三）**沥血** 牛放血后10~12分钟在沥血池（槽）沥血。

（四）**电刺激** 牛放血后10~12分钟后施行低压电刺激,充分放血。南京亨达食品机械有限公司已研制出脉冲低电压电刺激设备。

（五）**预剥皮** 从牛的（左或右）后蹄（后肢）开始,跗关节裸露。

（六）**转轨** 去后牛蹄前,牛体从毛牛轨道换入胴体轨道。

（七）**去后蹄** 由胫骨和跗骨间的关节处割断。

（八）**剥皮** 由后向前（由上向下）把牛皮剥下（用剥皮刀剥皮效果更好）,剥下的皮进入牛皮处理间,处理完毕后暂存

（冷藏或盐渍）。

（九）去前蹄　由前臂骨和腕骨间的腕关节处割断。

（十）去头　沿头骨后端和第一颈椎间割断。

（十一）去生殖器　去生殖器及周边脂肪。

（十二）取内脏　沿腹部正中线切开，首先取出肠、胃、肝脏、脾脏，然后取出心脏、肺脏，置于同步卫检线，合格后入清洗间。

（十三）冲洗胴体　水温30℃左右。

（十四）胴体劈半　沿脊椎骨中央把胴体分为左右各半（二分体）。最好用电锯。无电锯时用斧劈或用木工锯锯开。

（十五）卫检　检查人员按规定取样检查，确定牛肉可否食用。

（十六）称重　胴体称重。

（十七）冲刷二分体　水温30℃，并用刷子刷去胴体因劈半时留下的残渣、积血等。

（十八）胴体进入预冷间　经洗刷后的二分体推入预冷间（温度为18℃～22℃），停放4小时。一方面让胴体冷却，另一方面让胴体尽量滴净血水。

（十九）胴体进入排酸间　经预冷的胴体进入胴体排酸间（成熟处理）。排酸间温度为0℃～4℃，处理24小时以上（参考二次排酸技术）。

（二十）清洁卫生　①在每一行吊挂胴体的导轨地面，铺塑料布，防止未流尽的血水滴于地面。3～4天更换塑料布。②屠宰间地面每天彻底冲刷1次，水温40℃左右。③屠宰用具每天大清洗一遍（水温82℃）。④每人两套刀具，第一次作业用甲刀具，用毕放进消毒器消毒，第二次作业用乙刀具，用毕放进消毒器消毒，如此循环使用。⑤定期消毒屠宰车间。

⑥屠宰工每天上班前洗澡。⑦屠宰工每天更换工作帽、工作服、手套。⑧经常冲刷预冷间、排酸间地面,不定期进行消毒空间。

第二节　肉牛屠宰设备

虽然我国肉牛规模化屠宰、现代化屠宰是近 20 年的新兴行业,但是屠宰设备制造行业学习、消化、吸收国外先进技术,制造适合我国肉牛屠宰设备取得了长足的进步。其中尤其是江苏省南京市亨齐达食品加工机械有限公司的产品,不仅外形美观,质量更是一流,并且售后服务上乘。现以 30~35 头/小时、单班 200 头/日产、30 000 头牛/年产为例,介绍该公司的肉牛屠宰设备产品(表 11-1)。

表 11-1　江苏南京亨齐达食品机械有限公司肉牛屠宰设备产品表

序号	设备名称	规格型号	单位	数量	材　　质
1	牵牛机	QNJ-10	台	1	机架、链条热镀锌、间控 24 伏
2	气动反板箱	FB-2800	台	1	机架、链条热镀锌,气缸及气动元件为铝合金,电器箱为不锈钢
3	步进式输送机	NBJ-1600	台	1	机架、链条热镀锌,气缸及气动元件为铝合金,电器箱为不锈钢,电器为程序控制,间控 24 伏
4	同步卫检线	NTW-10	套	1	机架、链条、机座热镀锌,双滑轮为不锈钢,滑架为高强度铝合金,大小托盘及钩子为不锈钢,气缸及气动元件为铝合金,电器箱为不锈钢、电器为程序控制,间控 24 伏

序号	设备名称	规格型号	单位	数量	材　　质
5	液压剥皮机	NBP-5300	套	1	机架热镀锌,升降台为全不锈钢,液压系统一套,气缸及气动元件为铝合金,电器箱为不锈钢,气管为螺旋伸缩管,间控 24 伏
6	气动升降台	XDT-1500	台	4	机架、台面为全不锈钢,气缸及气动元件为铝合金,气管为螺旋伸缩管
7	开胸电锯	DJKX-400	台	1	机架、罩壳镀铬,电器箱体为不锈钢
8	平衡器Ⅰ型	PHQ-Ⅰ型	台	1	
9	往复劈半锯	DJBP-600	台	1	机架、罩壳镀铬,电器箱体为不锈钢
10	平衡器Ⅱ型	PHQ-Ⅱ型	台	1	
11	道岔	IRG	付	20	全不锈钢
12	道岔	2RG	付	20	全不锈钢
13	道岔	2LG	付	20	全不锈钢
14	弯道	R300×90°	个	20	全不锈钢
15	断轨器	DG-60	个	8	全不锈钢
16	吊架	H=225	个	1000	高强度铝合金
17	管轨滚轮	GN-480	只	1000	铝合金架,不锈钢钩
18	刀具消毒器	XDX-1	只	20	全不锈钢,电加热系统
19	管轨	$\phi 60 \times 4$	米	500	全不锈钢
20	肠胃滑槽	CWHC-1	台	3	全不锈钢
21	分割肉操作台	FG-2000	台	20	全不锈钢
22	屠宰工作台	TZ-1	台	10	全热镀锌
23	拴牛腿链	STN-800	根	50	全热镀锌

序号	设备名称	规格型号	单位	数量	材 质
24	环链起吊器	慢速 QD-1	台	2	定制
25	环链起吊器	快速 QD-K1	台	1	定制
26	空压机	3 立方米/分	台	2	外购
27	毛牛放血输送线	XT-160	套	1	机架、链条热镀锌,无级调速,滑架为高强度铝合金,滑轮为不锈钢,间控 24 伏
28	排酸库门	PSM-3900	扇	8	不锈钢面
29	送料小车	TC-200	辆	20	全不锈钢
30	洗肚机	XDJ-1000	台	1	全不锈钢
31	锯骨锯	TDJ-300	台	1	全不锈钢
32	磨刀棒	MDB-1	根	20	
33	刀具	DJ-1	把	100	国产
34	螺旋下降器	NXJ-160	台	1	全热镀锌
35	电子挂秤	SB-1	台	1	
36	劈半锯消毒器	XDX-PB	台	1	全不锈钢
37	开胸电锯消毒器	XDX-KX	台	1	全不锈钢
38	洗牛头设备	XNT-600	台	1	全不锈钢
39	喷淋头	PLT-1	只	40	
40	真空包装机	600/2s	台	1	
41	封口机	FK-400	台	1	
42	毛牛电刺激仪	DCJ-Ⅱ型	台	1	专有产品
43	气动升降滑槽	XDSL-1300	台	1	全不锈钢
44	气动升降换轨台	XDHG-1500	台	1	全不锈钢
45	风力输送机	FSJ-900	台	2	

笔者认为,南京市亨齐达食品机械有限公司生产的产品中劈半锯、开胸电锯,在形式、功能上如再提高一步,质量就不低于施托克、半斯厂家的产品。但是,南京市亨齐达食品机械有限公司生产的产品价格要比施托克、半斯厂家的产品低很多。因此,笔者主张新办肉牛屠宰厂采用国产设备,投资少、成本低、易维修、易保养是国产设备的优势。

第三节　胴体测量

一、胴体测量的意义

胴体测量是胴体分级标准的依据之一。而胴体分级又是牛肉分级标准的重要依据。

二、胴体测量的方法

用测杖或软尺测量胴体,分别记录(表 11-2)。

（一）**胴体长**　自耻骨缝前缘至第一肋骨前缘的长度;或从耻骨端到第一颈椎前端中央的直线距离(用软尺)。

（二）**胴体斜长**　从钩住部位的下端到第一颈椎前端中央的直线距离(用软尺)。

（三）**胴体胸厚**　第七胸椎棘突的胴体体表至第七胸骨的胴体体表间的垂直距离(用测杖)。

（四）**胴体胸深**　自第三胸椎棘突的胴体体表至胸骨下部胴体体表的垂直距离(用测杖)。

（五）**胴体后躯长(A)**　从第六、第七肋骨间水平断面和胴体斜长的交点到钩住部位的直线距离(用软尺)。

（六）**胴体后躯长(B)**　从第六、第七肋骨间水平断面和胴体长的交点到耻骨端的直线距离(用软尺)。

表 11-2　胴体测量记录表

测量部位名称	牛号	牛号	牛号	牛号	牛号	牛号	牛号	牛号
胴体长								
胴体斜长								
胴体胸宽								
胴体胸深								
胴体胸厚								
胴体后腿长								
胴体后腿围								
胴体后腿宽								
后腿肉厚								
腰部肉厚								
背部脂肪厚								
肋部皮下脂肪厚								
腰部皮下脂肪厚								
胴体后躯长(A)								
胴体后躯长(B)								
胴体腰围								
皮下脂肪覆盖率								
胴体胸围								
胸壁厚度								

（七）**胴体后腿围**　在股骨与胫腓骨连接处的水平围度（用软尺）。

（八）**胴体胸围**　肩胛骨后缘处胴体的周长（用软尺）。

（九）**胴体腰围**　第五腰椎处胴体的周长（用软尺）。

（十）**胴体后腿宽**　尾根凹陷处内侧至大腿前缘的水平距离（用测杖）。

（十一）**胴体后腿长**　自耻骨缝至跗关节的中点长度（用测杖）。

（十二）**肌肉厚度**

1. 大腿肌肉厚　大腿后侧胴体体表至股骨体中心的垂

直距离(用探针)。

2．腰部肌肉厚　第三腰椎处,胴体体表至腰椎横突的垂直距离(用探针)。

（十三）皮下脂肪厚度

1．腰部皮下脂肪厚　第三腰椎处皮下脂肪厚(用卡尺)。

2．背部皮下脂肪厚　第五、第六胸椎间皮下脂肪厚(用卡尺)。

3．肋部皮下脂肪厚　第十二肋骨处之皮下脂肪厚(用卡尺)。

（十四）胸壁厚度　第十二肋骨骨弓最宽处的距离(用测杖)。

（十五）皮下脂肪覆盖率　采用求不规则图形面积的方法,测量胴体体表脂肪覆盖率(红肉暴露处为无脂肪层)。

（十六）胴体胸宽　肩甲骨后缘处胴体的宽度(水平距离)。

第四节　胴体排酸

一、胴体排酸处理的意义

影响牛肉嫩度的因素较多,在屠宰前有牛的年龄、牛的品种、牛的性别、肥育方式、肥育时间等,在即将屠宰及屠宰后有电刺激(高压电和低压电)、温度处理等。胴体排酸处理的意义在于提高牛肉的嫩度,使牛肉的风味更好。

二、胴体排酸处理的方法

（一）电刺激　通过电的作用,刺激牛胴体,达到提高牛肉嫩度的目的。以电压高低区分,又分为高压电刺激和低压电刺激。①高压电刺激,电压 360 伏左右。②低压电刺激,电压 36~72 伏。

（二）温度处理　设计排酸间(排酸间的大小、多少取决于屠宰规模),排酸间的高度 4.1~4.2 米(适合屠宰体重 450~650 千克),排酸轨道的高度为 3.4~3.6 米(适合屠宰体重 450~650 千克)。或以胴体下端离地面的高度 0.5 米为准设计排酸轨道的高度。以温度高低又分为高温处理(≥20℃)和低温处理(0℃~4℃)。

三、胴体排酸处理的结果

（一）胴体排酸处理后失重情况　胴体排酸处理后失重情况见表 11-3。

表 11-3　胴体排酸处理后的失重情况

测　定　头	胴体体重(千克)		胴体失重(千克)	
	排酸前	排酸后	绝对重	百分比(%)
30	359.14 ± 33.47	351.28 ± 32.76	7.86 ± 0.92	2.19 ± 0.17
30	340.32 ± 32.99	332.80 ± 33.13	7.52 ± 1.74	2.21 ± 0.52
10	362.98 ± 37.61	353.48 ± 36.99	9.50 ± 0.87	2.62 ± 0.21
11	322.25 ± 28.85	314.85 ± 27.30	7.40 ± 1.04	2.30 ± 0.29
10	328.00 ± 28.27	316.72 ± 27.09	11.28 ± 1.53	3.43 ± 0.30
15	356.09 ± 46.03	346.99 ± 45.13	9.10 ± 1.18	2.56 ± 0.23
15	336.54 ± 49.51	328.67 ± 48.39	7.87 ± 1.82	2.34 ± 0.37
不同处理方法胴体失重				
半胴体排酸　26	177.42 ± 15.80	173.34 ± 14.95	4.05	2.28
整胴体排酸　4	346.63 ± 38.90	339.93 ± 36.45	6.70	1.93

(二) 胴体排酸处理后牛肉的嫩度提高

1. 二分体胴体排酸前后牛肉嫩度的变化　在排酸前取背最长肌 150～200 克,按牛肉嫩度测定方法测定牛肉嫩度,排酸 7 天后仍在背最长肌取肉 150～200 克,测定牛肉嫩度。测定结果显示,二分体胴体排酸对牛肉嫩度的提高有非常显著的作用(表 11-4)。

表 11-4　二分体胴体排酸前后牛肉嫩度的变化

| 牛 品 种 | 处理方法 | 测定次数 | 平均剪切值(千克力)X 的出现率(%) | | |
			$X < 3.62$	$3.62 < X < 4.78$	$X > 4.78$
鲁西黄牛	排酸前	280	0	0	100
	排酸后	280	31.4	31.4	37.2
秦川牛	排酸前	290	0	0	100
	排酸后	290	40	35	25
晋南牛	排酸前	290	0	0	100
	排酸后	290	68.3	15	16.7
南阳黄牛	排酸前	280	0	0	100
	排酸后	280	31.3	36.3	32.4

2. 分割肉排酸前后牛肉嫩度的变化　二分体胴体排酸确实对提高牛肉的嫩度有非常好的作用,对提高高价牛肉的销售价格有非常好的效果。但是,此技术措施也有缺点。首先,二分体胴体的分割肉并不是都能因排酸而全部增值。其次,增加排酸设备,加大产品成本,延迟牛肉上市,延缓资金回收期。因此,能找到既能获得高价(高档)牛肉的排酸效果,又能降低成本的方法,对提高屠宰行业的利润会产生巨大影响。分割肉排酸有热胴体剔骨和冷胴体剔骨两种方法。热胴体剔骨指剥皮、去内脏后即分割剔骨;冷胴体剔骨指胴体已经在 0℃～4℃排酸库内 24 小时或 48 小时后分割剔骨。前一种方法肉牛成型率差一些,但是成本更低。表 11-5 的资料是热胴

体剔骨后在家用冰箱内排酸 96 小时的测定结果,显示热胴体剔骨的牛肉通过排酸提高嫩度也获得极为满意的效果。

表 11-5　分割肉排酸前后牛肉嫩度的变化

组　　别	测定次数	平均剪切值(千克力)
非排酸组	380	5.1632 ± 1.7405
排酸组	380	3.8999 ± 1.6975

冷胴体剔骨牛肉的排酸,是将肉块分割修整后真空包装,装箱后(标准箱重量 20 千克或 25 千克)再在排酸库内(0℃～4℃)排酸 6～12 天(能卖得高价的牛肉排酸时间要长)。

(三) **牛肉的酸度下降**　排酸前牛肉的 pH 值 4.9～5.2,排酸后牛肉的 pH 值 5.8～5.9。

四、减少胴体排酸处理时胴体失重的措施

(一) **增加排酸间空气的湿度**　排酸间空气的湿度可保持 95%以上。

(二) **臭氧液(重氧液)**　为防止细菌的繁殖,可选用臭氧发生器,将发生的臭氧溶解在水中,或用臭氧液(重氧液)喷雾器喷水。

(三) **减缓空气流动强度**　冷风机排出的冷空气的速度越大,空气流动越快,空气中水分的损失越多,胴体表面水分的损失也越多,导致胴体失重的增加。因此,要采取减缓空气流动强度措施,减少胴体体重的损失。

1. 冷风机排出冷空气的出口处安装风袋　冷空气通过风袋再散射到胴体表面。风袋呈喇叭状。

2. 改变冷空气直吹为折吹　冷空气先吹向挡风板或围墙,再折吹接触胴体。

3．严格控制温度　排酸间的温度严格控制在0℃~4℃，排酸间中心的温度保持2℃~3℃。

第五节　胴体分割

胴体分割的原则是根据用户用肉标准的要求进行。据笔者对消费市场的调查研究，高价(高档)牛肉用户主要分为三大类，即美国类型、欧共体类型和日本类型。现介绍的我国牛肉分割方法和市场销售的产品标准，结合了美国、欧共体和日本的牛肉分割标准。牛肉分割工序如图11-2。

冷却胴体→四分体→剔骨→按部位→分割肉

高档肉→真空包装→冻结→包装→入库(−25℃)

分割肉→修整→中档肉──→大包装→冻结→入库(−25℃)
　　　　　　　　　└→大包装→冻结→包装→入库(0℃)
　　　　└→普通肉──┘

图 11-2　牛肉分割工序示意图

根据牛肉销售市场、牛肉用户分类，目前国内牛肉销售市场大约可以分为烧烤类、西餐类、涮肉类、超市类和加工类等。牛肉的用途不同，牛肉的分割规格(标准)也不一样。

一、烧烤牛肉分割

（一）日本烧烤牛肉　用于日本烧烤的牛肉肉块主要有S外脊肉、外脊肉、干外脊肉、上脑肉、眼肉、牛小排肉、带骨腹肉、去骨腹肉、S腹肉、带脂三角肉、胸叉肉等。

1.S外脊肉

（1）部位　第十二、第十三胸肋至最后腰椎。

（2）侧唇宽度　第十二、第十三胸肋处2~3厘米，最后腰椎处 1～1.5 厘米。

（3）品质要求

重量：大于 5 千克。

大理石花纹：丰富（1 级,2 级）。

脂肪颜色：白色。

脂肪厚度：15～20 毫米。

（4）修整要求

腹面：带胸椎骨膜或有明显的胸椎骨痕迹,无碎肉,无血点,无污点。

背面：脂肪厚度 15～20 毫米,修割平整,无血点,无污点。

侧面：切面整齐,无血点,无污点。

断面：切面整齐,无血点,无污点。

（5）型　号

S 外脊肉 1 号：外脊肉前断面紧靠第十二胸肋切割。

S 外脊肉 2 号：外脊肉前断面紧靠第十三胸肋切割。

S 外脊肉 3 号：外脊肉后断面紧靠第十一、第十二胸肋切割。

S 外脊肉 4 号：外脊肉后断面紧靠第十二、第十三胸肋切割。

2. 外脊肉

（1）部位　第十二、第十三胸肋至最后腰椎。

（2）侧唇宽度　第十二、第十三胸肋处 2～3 厘米,最后腰椎处 1～1.5 厘米。

（3）品质要求

重量：大于 4 千克。

大理石花纹：丰富（2 级）。

脂肪颜色：白色或微黄色。

脂肪厚度：10～15毫米。

(4) 修整要求

外脊肉腹面：带胸椎骨膜或有明显的胸椎骨痕迹，无碎肉，无血点，无污点。

外脊肉背面：脂肪厚度10～15毫米，修割平整，无血点，无污点。

外脊肉侧面：切面整齐，无血点，无污点。

外脊肉断面：切面整齐，无血点，无污点。

(5) 型 号

外脊肉1号：外脊肉前断面紧靠第十二胸肋切割。

外脊肉2号：外脊肉前断面紧靠第十三胸肋切割。

外脊肉3号：外脊肉后断面紧靠第十一、第十二胸肋切割。

外脊肉4号：外脊肉后断面紧靠第十二、第十三胸肋切割。

3.F 外脊肉

(1) 部位 第十二、第十三胸肋至最后腰椎。

(2) 侧唇宽度 第十二、第十三胸肋处0厘米，最后腰椎处0厘米。

(3) 品质要求

重量：大于3千克。

大理石花纹：丰富(2级)。

脂肪颜色：白色或微黄色。

脂肪厚度：无脂肪沉积。

(4) 修整要求

F外脊肉腹面：无胸椎骨膜或明显的胸椎骨痕迹，无碎肉,无血点,无污点。

F外脊肉背面:脂肪厚度0毫米,修割平整,无血点,无污点。

F外脊肉侧面:切面整齐,无血点,无污点。

F外脊肉断面:切面整齐,无血点,无污点。

(5) 型　　号

F外脊肉1号:外脊肉前断面紧靠第十二胸肋切割。

F外脊肉2号:外脊肉前断面紧靠第十三胸肋切割。

F外脊肉3号:外脊肉后断面紧靠第十一、第十二胸肋切割。

F外脊肉4号:外脊肉后断面紧靠第十二、第十三胸肋切割。

4. 上脑肉

(1) 部位　第一至第六胸椎。

(2) 品质要求

重量:大于3千克。

大理石花纹:丰富。

脂肪颜色:白色或微黄色。

脂肪厚度:大于10毫米。

(3) 侧唇宽度　第一胸肋处2~3厘米,第六胸椎处1~1.5厘米。

(4) 修整要求　剥离胸椎。

上脑肉腹面:带胸椎骨膜或有明显的胸椎骨痕迹,无碎肉,无血点,无污点。

上脑肉背面:脂肪厚度10毫米以上,修割平整,无血点,无污点。

上脑肉侧面:切面整齐,无血点,无污点。

上脑肉断面：切面整齐,无血点,无污点。

（5）型　　号

上脑1号：上脑肉前断面第一胸肋前1~1.5厘米切割。

上脑2号：上脑肉前断面紧靠第一胸肋切割。

上脑3号：上脑肉后断面紧靠第五胸肋切割。

上脑4号：上脑肉后断面紧靠第六胸肋切割。

5.眼　　肉

（1）部　位　　7~13胸椎背侧。

（2）品质要求

重量：大于7千克。

大理石花纹:丰富(1级)。

脂肪颜色：白色或微黄色。

脂肪厚度：10~15毫米。

（3）侧唇宽度　　第十二、第十三胸肋处2~3厘米,第七胸椎处1~1.5厘米。

（4）修整要求　　剥离胸椎。

眼肉腹面：带胸椎骨膜或有明显的胸椎骨痕迹,无碎肉,无血点,无污点。

眼肉背面：脂肪厚度10~15毫米,修割平整,无血点,无污点。

眼肉侧面：切面整齐,无血点,无污点。

眼肉断面:切面整齐,无血点,无污点。

（5）型　　号

眼肉1号：眼肉前断面紧靠第六胸肋切割。

眼肉2号：眼肉前断面紧靠第七胸肋切割。

眼肉3号：眼肉后断面紧靠第十二胸肋切割。

眼肉4号：眼肉后断面紧靠第十三胸肋切割。

6.牛小排肉

(1) 部位　7～9胸肋处。

(2) 肉块规格。

长度：23～30厘米。

宽度：3～6根胸肋。

厚度：2.5～3.5厘米。

(3) 分割要求

牛小排肉腹面：无血点，无污点。

牛小排肉背面：修割平整，无血点，无污点。

牛小排肉侧面：切割面整齐。

(4) 型　号

牛小排肉1号：牛小排肉前切面紧靠第六胸肋切割。

牛小排肉2号：牛小排肉前切面紧靠第七胸肋切割。

牛小排肉3号：牛小排肉后切面紧靠第八胸肋切割。

牛小排肉4号：牛小排肉后切面紧靠第九胸肋切割。

7.带骨腹肉

(1) 部位　第一至第六胸肋处。

(2) 肉块规格。

长度：23～30厘米。

宽度：3～6根胸肋。

厚度：2.5～3.5厘米。

(3) 分割要求

带骨腹肉腹面：无血点，无污点。

带骨腹肉背面：修割平整，无血点，无污点。

带骨腹肉侧面：切割面整齐。

(4) 型　号

带骨腹肉1号：带骨腹肉前切面于第一胸肋前1～1.5

厘米切割。

带骨腹肉 2 号：带骨腹肉前切面紧靠第一胸肋切割。

带骨腹肉 3 号：带骨腹肉后切面紧靠第六胸肋切割。

带骨腹肉 4 号：带骨腹肉后切面紧靠第七胸肋切割。

8.去骨腹肉

（1）部位　第一至第六胸肋处

（2）肉块规格

长度：23～30厘米。

宽度：3～6根胸肋。

厚度：2.5～3.5厘米。

（3）分割要求

去骨腹肉腹面：无血点，无污点。

去骨腹肉背面：修割平整，无血点，无污点。

去骨腹肉侧面：切割面整齐。

（4）型　号

去骨腹肉 1 号：带骨腹肉前切面第一胸肋前 1～1.5 厘米切割。

去骨腹肉 2 号：带骨腹肉前切面紧靠第一胸肋切割。

去骨腹肉 3 号：带骨腹肉后切面紧靠第六胸肋切割。

去骨腹肉 4 号：带骨腹肉后切面紧靠第七胸肋切割。

（5）品质要求

大理石花纹丰富。

9.S腹肉

（1）部位　第二至第九胸肋，取出带骨腹肉、牛小排之后，下面露出的 1 块扇形的肉块便是 S 腹肉。

（2）分割要求　按肉块自然形状切割。

（3）品质要求

肉块厚度：1.5~2厘米。

大理石花纹：非常丰富,红肉块和脂肪块间隔有序,大小适度。

10. 带脂三角肉

(1) 部位　大米龙下端。

(2) 品质要求

脂肪颜色：白色或微黄色。

脂肪厚度：脂肪覆盖三角肉。

三角肉厚度：大于2厘米。

(3) 分割要求

三角肉腹面：无碎肉,无血点,无污点。

三角肉背面：脂肪厚度3~5毫米,修割平整,无血点,无污点。

三角肉侧面：切面整齐,无血点,无污点。

三角肉断面：切面整齐,无血点,无污点。

11. 胸叉肉

(1) 部位　在胸肉部位。

(2) 品质要求

胸叉肉厚度：3~4厘米。

胸叉肉长度：30~40厘米。

胸叉肉宽度：5~6厘米。

(3) 分割要求

胸叉肉腹面：修割平整无碎肉,无血点,无污点。

胸叉肉背面：修割平整,无血点,无污点。

胸叉肉侧面：切面整齐,无血点,无污点。

胸叉肉断面：切面整齐,无血点,无污点。

(二) 韩国烧烤牛肉　用于韩国烧烤的牛肉肉块主要有

S特外脊肉、S外脊肉、外脊肉、上脑肉、眼肉、牛小排肉、带骨腹肉、去骨腹肉、S腹肉、带脂三角肉和胸叉肉等。与日本烧烤牛肉分割方法大同小异。

1.S特外脊肉

(1) 部位　第一至第十三胸肋。

(2) 侧唇宽度　第五胸肋处4~5厘米,最后胸肋处4~5厘米。

(3) 品质要求

重量:大于9千克。

大理石花纹:丰富。

脂肪颜色:白色或微黄色。

脂肪厚度:4~5毫米。

(4) 修整要求

S特外脊肉腹面:带胸椎骨膜或有明显的胸椎骨痕迹,无碎肉,无血点,无污点。

S特外脊肉背面:脂肪厚度4~5毫米,修割平整,无血点,无污点。

S特外脊肉侧面:切面整齐,无血点,无污点。

S特外脊肉断面:切面整齐,无血点,无污点。

S特外脊肉形状:长方形。

2.S外脊肉

(1) 部位　第十二、第十三胸肋至最后腰椎。

(2) 侧唇宽度　第十二、第十三胸肋处2~3厘米,最后腰椎处1~1.5厘米。

(3) 品质要求

重量:大于5千克。

大理石花纹:丰富(1级、2级)。

脂肪颜色：白色。

脂肪厚度：4～5毫米。

（4）修整要求

S外脊肉腹面：带胸椎骨膜或有明显的胸椎骨痕迹，无碎肉，无血点，无污点。

S外脊肉背面：脂肪厚度4～5毫米，修割平整，无血点，无污点。

S外脊肉侧面：切面整齐，无血点，无污点。

S外脊肉断面：切面整齐，无血点，无污点。

（5）型　号

S外脊肉1号：外脊肉前断面紧靠第十二胸肋切割。

S外脊肉2号：外脊肉前断面紧靠第十三胸肋切割。

S外脊肉3号：外脊肉后断面紧靠第十一、第十二胸肋切割。

S外脊肉4号：外脊肉后断面紧靠第十二、第十三胸肋切割。

3. 外脊肉

（1）部位　第十二、第十三胸肋至最后腰椎。

（2）侧唇宽度　第十二、第十三胸肋处2～3厘米，最后腰椎处1～1.5厘米。

（3）品质要求

重量：大于4千克。

大理石花纹：丰富(2级以上)。

脂肪颜色：微黄色。

脂肪厚度：4～5毫米。

（4）修整要求

外脊肉腹面：带胸椎骨膜或有明显的胸椎骨痕迹，无碎肉。

外脊肉背面：脂肪厚度 4~5 毫米,修割平整。

外脊肉侧面：切面整齐,无血点,无污点。

外脊肉断面：切面整齐,无血点,无污点。

（5）型　号

外脊肉 1 号：外脊肉前断面紧靠第十二胸肋切割。

外脊肉 2 号：外脊肉前断面紧靠第十三胸肋切割。

外脊肉 3 号：外脊肉后断面紧靠第十一、第十二胸肋切割。

外脊肉 4 号：外脊肉后断面紧靠第十二、第十三胸肋切割。

4．上脑肉

（1）部　位　第二至第六胸椎。

（2）品质要求

重量：大于 3 千克。

大理石花纹：丰富。

脂肪颜色：白色或微黄色。

脂肪厚度：大于 10 毫米。

（3）侧唇宽度　第二胸肋处 2~3 厘米,第六胸椎处 1~1.5 厘米。

（4）修整要求　剥离胸椎。

上脑肉腹面：带胸椎骨膜或有明显的胸椎骨痕迹,无碎肉,无血点,无污点。

上脑肉背面：脂肪厚度 10 毫米以上,修割平整,无血点,无污点。

上脑肉侧面：切面整齐,无血点,无污点。

上脑肉断面：切面整齐,无血点,无污点。

（5）型　号

上脑1号：上脑肉前断面第一胸肋前1~1.5厘米切割。

上脑2号：上脑肉前断面紧靠第一胸肋切割。

上脑3号：上脑肉后断面紧靠第六胸肋切割。

上脑4号：上脑肉后断面紧靠第七胸肋切割。

5．眼　肉

（1）部位　第七至第十三胸椎背侧。

（2）品质要求

重量：大于7千克。

大理石花纹：丰富(1级)。

脂肪颜色：白色或微黄色。

脂肪厚度：10~15毫米·

（3）侧唇宽度　第十二、第十三胸肋处2~3厘米，第七胸椎处1~1.5厘米。

（4）修整要求　剥离胸椎。

眼肉腹面：带胸椎骨膜或有明显的胸椎骨痕迹，无碎肉，无血点，无污点。

眼肉背面：脂肪厚度10~15毫米，修割平整，无血点，无污点。

眼肉侧面：切面整齐，无血点，无污点。

眼肉断面：切面整齐，无血点，无污点。

（5）型　号

眼肉1号：眼肉前断面紧靠第六胸肋切割。

眼肉2号：眼肉前断面紧靠第七胸肋切割。

眼肉3号：眼肉后断面紧靠第十二胸肋切割。

眼肉4号：眼肉后断面紧靠第十三胸肋切割。

6．牛小排肉

（1）部位　第七至第九胸肋处。

（2）肉块规格

长度：23～30 厘米。

宽度：3～6 根胸肋。

厚度：2.5～3.5 厘米。

（3）分割要求

牛小排肉腹面：无血点，无污点。

牛小排肉背面：修割平整，无血点，无污点。

牛小排肉侧面：切割面整齐。

（4）型　号

牛小排肉 1 号：牛小排肉前切面紧靠第六胸肋切割。

牛小排肉 2 号：牛小排肉前切面紧靠第七胸肋切割。

牛小排肉 3 号：牛小排肉后切面紧靠第八胸肋切割。

牛小排肉 4 号：牛小排肉后切面紧靠第九胸肋切割。

7. 带骨腹肉

（1）部位　第一至第六胸肋处。

（2）肉块规格

长度：23～30 厘米。

宽度：3～6 根胸肋。

厚度：2.5～3.5 厘米。

（3）分割要求

带骨腹肉腹面：无血点，无污点。

带骨腹肉背面：修割平整，无血点，无污点。

带骨腹肉侧面：切割面整齐。

（4）型　号

带骨腹肉 1 号：带骨腹肉前切面第一胸肋前 1～1.5 厘米切割。

带骨腹肉 2 号：带骨腹肉前切面紧靠第二胸肋切割。

带骨腹肉 3 号：带骨腹肉后切面紧靠第六胸肋切割。

带骨腹肉 4 号：带骨腹肉后切面紧靠第七胸肋切割。

（5）品质要求　大理石花纹丰富。

8. 去骨腹肉

（1）部位　第一至第六胸肋处。

（2）肉块规格

长度：23～30 厘米。

宽度：3～6 根胸肋。

厚度：2.5～3.5 厘米。

（3）分割要求

去骨腹肉腹面：无血点，无污点。

去骨腹肉背面：修割平整，无血点，无污点。

去骨腹肉侧面：切割面整齐。

（4）型　号

去骨腹肉 1 号：带骨腹肉前切面紧靠第一胸肋切割。

去骨腹肉 2 号：带骨腹肉前切面紧靠第二胸肋切割。

去骨腹肉 3 号：带骨腹肉后切面紧靠第六胸肋切割。

去骨腹肉 4 号：带骨腹肉后切面紧靠第七胸肋切割。

（5）品质要求

大理石花纹丰富。

9. S 腹肉

（1）部位　第二至第九胸肋，取出带骨腹肉、牛小排之后，下面露出的一块形如扇形的肉块便是 S 腹肉。

（2）分割要求　按肉块自然形状切割。

（3）肉块质量

肉块厚度：1.5～2 厘米。

大理石花纹：非常丰富。红肉块和脂肪块间隔有序,大小适度。

10.带脂三角肉

(1) 部位 大米龙下端。

(2) 品质要求

脂肪颜色：白色或微黄色。

脂肪厚度：脂肪覆盖三角肉。

三角肉厚度：大于2厘米。

(3) 分割要求

三角肉腹面：无碎肉,无血点,无污点。

三角肉背面：脂肪厚度3~5毫米,修割平整,无血点,无污点。

三角肉侧面：切面整齐,无血点,无污点。

三角肉断面：切面整齐,无血点,无污点。

11.胸叉肉

(1) 部位 在胸肉部位。

(2) 品质要求

胸叉肉厚度：3~4厘米。

胸叉肉长度：30~40厘米。

胸叉肉宽度：5~6厘米。

(3) 分割要求

胸叉肉腹面：修割平整,无碎肉,无血点,无污点。

胸叉肉背面：修割平整,无血点,无污点。

胸叉肉侧面：切面整齐,无血点,无污点。

胸叉肉断面：切面整齐,无血点,无污点。

(三) 巴西烧烤牛肉 用量多的肉块有里脊(牛柳)、去骨腹肉、带油三角肉、牛肩峰肉。

1. 里脊(牛柳)肉 里脊头不带脂肪,不带里脊附肌(侧边)。

2. 去骨腹肉

(1) 部位 第一至第六胸肋处。

(2) 肉块规格

长度:23~30厘米。

宽度:3~6根胸肋。

厚度:2.5~3.5厘米。

(3) 分割要求

去骨腹肉腹面:无血点,无污点。

去骨腹肉背面:修割平整,无血点,无污点。

去骨腹肉侧面:切割面整齐。

(4) 品质要求 大理石花纹丰富。

(5) 型 号

去骨腹肉1号:带骨腹肉前切面第一胸肋前1~1.5厘米切割。

去骨腹肉2号:带骨腹肉前切面紧靠第二胸肋切割。

去骨腹肉3号:带骨腹肉后切面紧靠第六胸肋切割。

去骨腹肉4号:带骨腹肉后切面紧靠第七胸肋切割。

3. 带脂三角肉

(1) 部位 大米龙下端。

(2) 品质要求

脂肪颜色:白色或微黄色。

脂肪厚度:脂肪覆盖三角肉。

三角肉厚度:大于2厘米。

(3) 分割要求

三角肉腹面:无碎肉,无血点,无污点。

三角肉背面：脂肪厚度 3～5 毫米，修割平整，无血点，无污点。

三角肉侧面：切面整齐，无血点，无污点。

三角肉断面：切面整齐，无血点，无污点。

4. 牛肩峰肉

（1）部位　牛鬐甲部。

（2）品质要求　色泽鲜艳，鲜嫩。

（3）分割要求

牛肩峰肉腹面：无碎肉，无血点，无污点。

牛肩峰肉背面：修割平整，无血点，无污点。

牛肩峰肉侧面：切面整齐，无血点，无污点。

牛肩峰肉断面：切面整齐，无血点，无污点。

二、西餐牛肉

（一）里脊（牛柳）肉

1. 部位　沿耻骨的前下方把里脊头剔出，由里脊头向里脊尾逐个剥离腰椎横突，取下完整的里脊。由于里脊是牛肉中卖价最高的肉块之第一块，因此，要尽量减少里脊在剥离时的损失，以里脊腹面带骨膜为分割作业合格标准。

2. 修整里脊肉　根据用肉客户的要求，里脊是否带脂肪或带里脊附肌。

第一，里脊头带脂肪带里脊附肌（侧边）。留里脊表层肌膜，修去分割时的碎状肉块，里脊头保留脂肪及里脊附肌。

第二，里脊头带脂肪不带里脊附肌（侧边）。里脊头保留脂肪，修去里脊附肌（侧边），保留里脊表层肌膜，修去分割时的碎状肉块。

第三，里脊头不带脂肪不带里脊附肌（侧边）。

3．品质要求

（1）里脊头带脂肪带里脊附肌（侧边）　特级 2.8 千克/条，一级 2.4 千克/条，二级 2 千克/条。

（2）里脊头带脂肪不带里脊附肌（侧边）　特级 2.4 千克/条，一级 2 千克/条，二级 1.8 千克/条。

（3）里脊头不带脂肪不带里脊附肌（侧边）　特级 2.2 千克/条，一级 2 千克/条，二级 1.8 千克/条。

（二）S 外脊肉

1．部位　第十二、第十三胸肋至最后腰椎。

2．侧唇宽度　第十二、第十三胸肋处 2～3 厘米，最后腰椎处 1～1.5 厘米。

3．品质要求

重量：大于 5 千克。

大理石花纹：丰富（1 级、2 级）。

脂肪颜色：白色。

脂肪厚度：10～20 毫米。

4．修整要求

S 外脊肉腹面：带胸椎骨膜或有明显的胸椎骨痕迹，无碎肉，无血点、无污点。

S 外脊肉背面：脂肪厚度 10～15 毫米，修割平整，无血点，无污点。

S 外脊肉侧面：切面整齐，无血点，无污点。

S 外脊肉断面：切面整齐，无血点，无污点。

5．型　号

S 外脊肉 1 号：外脊肉前断面紧靠第十二胸肋切割。

S 外脊肉 2 号：外脊肉前断面紧靠第十三胸肋切割。

S 外脊肉 3 号：外脊肉后断面紧靠第十一、第十二胸肋切割。

S外脊肉4号：外脊肉后断面紧靠第十二、第十三胸肋切割。

（三）外脊肉

1．部位　第十二、第十三胸肋至最后腰椎。

2．侧唇宽度　第十二、第十三胸肋处2～3厘米，最后腰椎处1～1.5厘米。

3．品质要求

重量：大于4千克。

大理石花纹：丰富(2级)。

脂肪颜色：白色或微黄色。

脂肪厚度：大于10毫米。

4．修整要求

外脊肉腹面：带胸椎骨膜或有明显的胸椎骨痕迹，无碎肉，无血点，无污点。

外脊肉背面：脂肪厚度10～15毫米，修割平整，无血点，无污点。

外脊肉侧面：切面整齐，无血点，无污点。

外脊肉断面：切面整齐，无血点，无污点。

5．型　号

外脊肉1号：外脊肉前断面紧靠第十二胸肋切割。

外脊肉2号：外脊肉前断面紧靠第十三胸肋切割。

外脊肉3号：外脊肉后断面紧靠第十一、第十二胸肋切割。

外脊肉4号：外脊肉后断面紧靠第十二、第十三胸肋切割。

（四）眼　肉

1．部位　第七胸椎至第十二胸椎背侧。

2．品质要求

重量：大于 8 千克。

大理石花纹：丰富（1 级）。

脂肪颜色：白色或微黄色。

脂肪厚度：10～15 毫米。

3.侧唇宽度 第十二、第十三胸肋处 2～3 厘米,第七胸椎处 1～1.5 厘米。

4.修整要求 剥离胸椎。

眼肉腹面：带胸骨膜或有明显的胸骨痕迹,无碎肉,无血点,无污点。

眼肉背面：脂肪厚度 10～15 毫米,修割平整,无血点,无污点。

眼肉侧面：切面整齐,无血点,无污点。

眼肉断面：切面整齐,无血点,无污点。

5.型　号

眼肉 1 号：眼肉前断面紧靠第六胸肋切割。

眼肉 2 号：眼肉前断面紧靠第七胸肋切割。

眼肉 3 号：眼肉后断面紧靠第十二胸肋切割。

眼肉 4 号：眼肉后断面紧靠第十三胸肋切割。

（五）T 骨肉扒

1.T 骨肉扒的分割 在不分割里脊、外脊的前提下分割。分割步骤：①在最后腰椎处,沿耻骨缘切下；②在腰椎的最后 4 节,用分割锯锯下；③距腰椎横突 3～4 厘米处用分割锯锯下；④用特制线锯,切割腰椎,并将横突中央垂直切下；⑤在腰椎骨横突的上方是外脊肉,横突的下方是里脊肉,食用后的剩余骨头呈 T 形,故称 T 骨肉扒。

2.品质要求

重量：大于 8 千克。

大理石花纹：丰富（1级）。

脂肪颜色：白色或微黄色。

脂肪厚度：10～15毫米。

3. 侧唇宽度　第二、第三腰椎处1～1.5厘米，第六、第七腰椎处2～2.5厘米。

4. 修整要求　剥离腰椎。

T骨肉扒腹面：带腰椎骨膜或有明显的腰椎骨痕迹，无碎肉，无血点，无污点。

T骨肉扒背面：脂肪厚度10～15毫米，修割平整，无血点，无污点。

T骨肉扒侧面：切面整齐，无血点、无污点。

T骨肉扒断面：切面整齐，无血点、无污点。

三、涮肉类

（一）1号肥牛片

1. 1号肥牛片来源　去骨腹肉。第十至第十三胸肋处的牛腩（腹肉）。

2. 规格　长35～37厘米，宽15厘米，厚7～8厘米。

3. 制作　将原料切割，按规格制作。

4. 制作注意事项

第一，肥牛板板面平整，有明显的胸肋条痕迹，分双面纹板和单面纹板。

第二，肥牛板切割线平直。

第三，肥牛板肥肉线、瘦肉线码放整齐划一。

第四，肥牛板板面不能有污染点。

第五，必须压紧压实（真空处理后用光滑的圆木棒轻轻拍打四面，达到表面平整的目的）。

（二）2 号肥牛片

1．2 号肥牛片来源　臂肉、腰肉、臀肉、脂肪和肩部牛肉。

2．规格　长 35～37 厘米,宽 15 厘米,厚 7～8 厘米。

3．制作　将原料切割,按规格制作。

4．制作注意事项

第一,肥牛板板面平整,整面为红肉,另一面为红白肉相间。

第二,肥牛板切割线平直。

第三,肥牛板肥肉线、瘦肉线码放整齐划一。

第四,肥牛板板面不能有污染点。

第五,必须压紧压实(真空处理后用光滑的圆木棒轻轻拍打四面,达到表面平整的目的)。

（三）3 号肥牛片

1．3 号肥牛片来源　红肉(瘦肉、精肉)来自臀部的臀肉(尾龙扒)、大米龙(烩扒)、小米龙(烩扒)、腰肉(针扒)和霖肉。红肉占 70%,脂肪占 30%。

目前市场销售的 3 号肥牛肉板的重量为 3.62 千克(其中脂肪重量为 0.8 千克,红肉重量为 2.82 千克)。

2．规格　长 35～37 厘米,宽 15 厘米,厚 7～8 厘米。

3．制作　将原料切割,按规格制作。

4．制作注意事项　①肥牛板板面平整;②肥牛板切割线平直;③肥牛板肥肉线、瘦肉线码放比较整齐;④肥牛板板面不能有污染点;⑤必须压紧压实(真空处理后用光滑的圆木棒轻轻拍打四面,达到表面平整的目的)。

（四）4 号肥牛片

1．4 号肥牛片来源　红肉来自前躯部位肉。其中红肉占 75% ~ 80%,脂肪占 20% ~ 25%。

2. 规格　长 35 ~ 37 厘米,宽 15 厘米,厚 7 ~ 8 厘米。

3. 制作　将原料切割,按规格制作。

4. 制作注意事项:①肥牛板板面平整;②肥牛板切割线平直;③肥牛板肥肉线、瘦肉线码放尽量整齐;④肥牛板板面不能有污染点;⑤必须压紧压实(真空处理后用光滑的圆木棒轻轻拍打四面,达到表面平整的目的)。

四、冷鲜肉

目前用于制作冷鲜肉的肉块有外脊肉、里脊肉、臀肉(尾龙扒)、大小米龙(烩扒)、腰肉(针扒)和霖肉。

(一) 外脊肉　制作冷鲜肉的外脊分割方法和西餐肉相同。

(二) 里脊肉　制作冷鲜肉的里脊分割方法和西餐肉相同。

(三) 臀肉　臀肉(尾龙扒)剥离大米龙、小米龙后,便可见到一大块肉,随着肉块自然走向剥离,便可得到臀肉。臀肉的修整有两点:一是削去劈半时锯面部分在排酸后的深颜色肉;二是修去臀肉块上的脂肪和碎肉块。

(四) 烩扒(大、小米龙)

1. 大米龙　后臀部肉块。剥掉牛皮后在后臀部暴露最清楚的便是大米龙。顺肉块自然走向剥离,成四方形块状。修整表面(分保留脂肪和不保留脂肪两种)即可包装。

2. 小米龙　紧靠大米龙的 1 块圆柱形的肉便是小米龙。顺肉块自然走向剥离便得。修整表面。

有些屠宰企业依据用肉单位要求,把大米龙和小米龙合并为 1 块肉,称为烩扒肉,还有称呼为黄瓜条肉。

（五）腰肉　在后臀部取出大米龙、小米龙、臀肉和膝圆后,剩下的 1 块肉便是腰肉。修整腰肉的要点是削去其表面的脂肪层。腰肉形状如三角形。

（六）膝圆　又称和尚头、霖肉。当剥离大米龙、小米龙、臀肉后便可见到 1 块长圆形肉块。沿此肉块的自然走向剥离,很易得到膝圆肉块。适当修整即可。

五、其他肉块分割

（一）嫩肩肉　嫩肩肉实际上是背最长肌的最前端,是取眼肉后的剩余部分。因此,剥离十分容易,只须循眼肉横切面的肩部继续向前分割,得到 1 块圆锥形的肉,便是嫩肩肉。制作上脑肉就不能制作嫩肩肉,制作嫩肩肉就不能制作上脑肉。

（二）胸肉　胸肉在剑状软骨处,割下前牛腩肉时,胸肉也被割下。随胸肉肉块的自然走向剥离,修去脂肪便是胸肉。

（三）臂肉　取下前腿,围绕肩胛骨分割,可得长方形肉块,便是臂肉。

（四）卡鲁比肉　是臂肉的一部分,以肩胛骨的骨突为分界线一分为二,较大的肉块便是卡鲁比肉(日本称呼)。

（五）辣椒肉　辣椒肉块是臂肉的另一部分。

（六）脖领肉　沿最后一个颈椎切下,为颈部肉,带血脖,将肉剥离。分割剥离脖领肉是整头牛最难之处。

（七）腱子肉　腱子肉共四块,分前腱子肉和后腱子肉。前腱子肉的分割从尺骨端下刀,剥离骨头便可得到;后腱子肉的分割从胫骨上端下刀,剥离骨头取得。

修整腱子肉主要是割削去掉末端一些污点。

（八）后牛腩肉(后腹肉)　后躯取下臀肉、大米龙、小米龙、膝圆、腰肉、里脊、外脊肉之后,剩余部分便是后牛腩。

（九）**前牛腩肉（前腹肉）** 前躯肉,在胸腹部。用分割锯沿眼肉分割线把胸骨锯断,由后向前直至第二、第三胸肋处,剥去肋骨、剑状软骨后,便是前牛腩肉。

（十）**蝴蝶肉** 在后牛腩肉部位,有状如蝴蝶的一块肉,取下修整便是。

（十一）**牛肩峰** 在牛肩胛部位。

六、胴体分割实例

现介绍某民营企业的肉牛屠宰、产品产量、产值概况(表11-6)。

（一）**屠宰加工牛的基本情况** ①20%为高档(价)牛,80%为普通牛。②肉牛屠宰前体重520千克。③屠宰率54%。④胴体重280.8千克。⑤净肉率45.7%。⑥净肉重237.6千克。

表 11-6　某民营企业的肉牛屠宰产品产量、产值*

部位肉名称	重量(千克)	高　档　肉(元/千克)				普通肉(元/千克)	
		S级	A级	B级	C级	A级	B级
牛　柳	4.0	130	100	60	30	35	30
T骨扒	14	130	120	80	60	—	—
西　冷	10.2	110	80	50	30	40	30
F外脊	8.0	80	60	50	45	35	30
带骨眼肉	14	80	70	60	50	40	35
去骨眼肉	12	—	40	30	—	30	25
上脑肉	6	40	35	30	25	25	20
萨拉伯尔肉	20	95	85	70	60	—	—
带骨腹肉	20	65	55	45	35	30	25
S腹肉	2.6	180	160	120	80	—	—
带脂三角肉	2.4	40	35	30	25	—	—

部位肉名称	重量（千克）	高 档 肉(元/千克)				普通肉(元/千克)	
		S 级	A 级	B 级	C 级	A 级	B 级
辣椒肉	3.4	—	40	35	30	30	25
蝴蝶肉	1.2	—	40	35	30	30	25
胸叉肉	1.6	50	45	40	35	30	25
臀 肉	15.6	—	18	17	—	16	15
大米龙	12.2	—	18	17	—	16	15
小米龙	3.9	—	18	17	—	16	15
膝 圆	9.8	—	18	17	—	16	15
腰 肉	7.8	—	18	17	—	16	15
腱子肉	14.5	—	22	20	—	20	19
1 号肥牛肉	24	—	—	—	—	—	—
2 号肥牛肉	15	—	—	—	—	—	—
3 号肥牛肉	60	—	—	—	—	—	—
4 号肥牛肉	40	—	—	—	—	—	—
牛 胆	1 个						—
牛 鞭					1		1
牛 尾					24		24
牛 皮	1 张	580	550			500	450
头蹄下水	1 整套	300	280	270		280	270

* 2003 年 4 月价格

（二）屠宰费用 按开工天数 300 天/年,屠宰牛 12 000 头/年计算。

1. 屠宰车间租赁费 120 000 元/年。每头牛分摊的费用 10 元。

2. 人员工资 60 人,500 元/月·人。每头牛的费用 25 元。

3. 电费(屠宰线,分割线,消毒) 142 千瓦小时/天,0.79 元/千瓦小时。每头牛的费用 2.80 元。

4. 水费 1.5 吨/头,1.00 元/吨。每头牛的费用 1.50

元。

5. 胴体排酸费　50 元/吨,520 × 54% = 280.8(千克/头),280.8 × 12 000 = 3 369.6(吨),50 × 3 369.6 = 168 480(元),168 480 ÷ 12 000 = 14.04(元)。每头牛分摊费用 14.04元。

6. 分割线空调费　50 元/小时,每月 15 天,每天 8 小时。每头牛分摊费用 5 元。

7. 成品肉冻结费　240 元/吨。胴体重 3 369.6 吨 × 85%(胴体产肉率)= 2 864 吨,240 × 2 864 = 687 360 元,每头牛分摊费用 57.28 元。

8. 贮存费用　2 元/吨·天,贮存期 30 天。每头牛的费用14.4 元。

屠宰费用合计 130.02 元/头。

(三) 其他费用　①汽车运费 3 元/头;②过桥费 3 元/头;③兽医检疫费 10 元/头;④人员费用 2 元/头;⑤销售费用 20 元/头。

其他费用合计 38 元/头。

屠宰费用和其他费用合计 168.02 元/头。

(四) 分割部位肉占胴体重的比例　肉牛分割部位肉的分割方法、部位肉的名称在我国尚无统一的标准,但是大同小异,表 11-7 数据是笔者和同事们在屠宰、分割、加工现场记录整理的 220 头肉牛的平均数据,供参考。

有了表 11-7 的资料,便可估算活牛的产肉量和牛的产值。

(五)非胴体部分　非胴体部分指肉牛屠宰后胴体以外部分。这一部分牛产品经加工后的增值潜力较大。据笔者测定如表 11-8。

表 11-7　分割部位肉占活重、胴体重的比例

部位肉块名称	占屠宰前体重(550.3千克)的比例(%)	占胴体重(346.5千克)的比例(%)
牛里脊(牛柳)	0.78	1.23
牛外脊(西冷)	2.06	3.26
眼　肉	2.40	3.81
带骨眼肉	3.46	5.49
臀肉(针扒)	2.87	4.56
大米龙(烩扒)	2.33	3.70
小米龙(烩扒)	0.77	1.22
腰肉(尾龙扒)	1.67	2.65
霖肉(和尚头、膝圆)	2.04	3.24
腱子肉(牛展)	2.86	4.54
胸　肉	0.89	1.41
瘦　肉	15.71	24.95
肉间脂肪	5.78	9.18
牛腩(腹肉)	8.18	12.99
碎肉(作业)	2.07	3.29
合　计	53.87	85.52

表 11-8　非胴体部分名称及产量　(单位:千克)

非胴体名称	重量(屠宰前体重550.3千克)*	重量(屠宰前体重438.5千克)**
牛　头	18.22	13.35
牛　蹄	8.30	5.40
牛蹄筋	0.35	0.25
牛　肝	5.15	4.45
牛胰脏(沙肝)	0.99	0.40
牛　心	1.84	1.15
牛心包脂肪	2.12	0.60
牛　肺	5.33	3.40
牛大肠	2.22	1.50
牛小肠	4.04	2.30
牛　胃	11.45	8.70

非胴体名称	重量(屠宰前体重 550.3 千克)*	重量(屠宰前体重 438.5 千克)**
牛肠胃脂肪	34.23	12.60
牛　尾	1.42	0.70
牛　鞭	0.52	0.25
牛　胆	0.15	0.10
膀　胱	0.20	0.15
牛　皮	46.24	38.90
合　计	143.12	93.60

＊ 220 头肉牛的平均重量　　＊＊ 338 头肉牛的平均重量

第六节　牛肉品质指标

一、感官指标

(一) 牛肉大理石花纹

1. 观察部位　在胸肋第十二、第十三节处切开(和胴体横向垂直方向)。

2. 评级　按 6 级评定,1 级最好,6 级最差。评定牛肉等级时,应将大理石花纹等级与牛的年龄结合观察。

(二) 脂肪　主要观察颜色,感觉硬度。

二、量化指标

(一) 眼肌面积　观察大理石花纹,评定等级的部位,用硫酸纸按眼肌自然走向描下,然后用求积仪计算面积(平方厘米)。或者描得的图形,其最长处和最宽处相乘,其乘积再乘以 0.75(即长×宽×0.75)。

(二) 牛肉嫩度测定　①取肉样。取外脊(前端部分)200

克；②将肉样置恒温水浴锅加热，待肉样中心温度达70℃，保持恒温20分钟；③20分钟后取出，在室温条件下测定；④用直径1.27厘米的取样器，沿肌肉束走向取肉柱10个；⑤将肉柱置剪切仪上剪切，记录每个肉柱被切断时的剪切值（用千克表示）；⑥10个肉柱的平均剪切值，便是该牛牛肉的嫩度。

（三）胴体体表脂肪覆盖率 胴体体表脂肪覆盖面积与胴体体表面积的比值。

（四）屠宰前和屠宰后性状指标

1. **屠宰前体重** 停食24小时后的体重。

2. **屠宰后体重** 屠宰放血后15～20分钟称量得到的尸体重。

3. **血重** 放出血的实际重量。

4. **皮重** 皮剥下并去掉附着的脂肪后的重量。

5. **头重** 分带皮头重和去皮头重，记录时要注明。

6. **尾重** 去皮后实测重。

7. **蹄重** 分前蹄重和后蹄重，实测。

8. **生殖器官重** 实测。

9. **消化器官重** 清洗后称重，分食道、胃、大肠、小肠、直肠。

10. **其他脏器重量** 分别称重心脏、肺脏、肝脏、脾脏、肾脏、胰腺、气管、胆囊（带胆汁）、膀胱（空）。

11. **脂肪** 包括：心包脂肪，肾脂肪（腰窝油、腹脂），盆腔脂肪，胃肠系膜脂肪和腹膜、胸膜脂肪，肉块间脂肪（分割后），生殖器周边脂肪。分别称重。

12. **胴体重** 去头、蹄、皮、内脏、生殖器官和尾后称重。

13. **净肉重** 胴体剔骨后全部肉块重量（包括肾脏、腹脂、盆腔脂肪、腹膜和胸膜脂肪),实测。

14. 骨重 实测。

(五)屠宰指标计算

屠宰率(%)=胴体重(排酸前)÷屠宰前活重×100%;

屠宰率(%)=胴体重(排酸后)÷屠宰前活重×100%。

净肉率(%)=净肉重(排酸前)÷屠宰前活重×100%;

净肉率(%)=净肉重(排酸后)÷屠宰前活重×100%。

胴体产肉率(%)=净肉重(排酸前)÷屠宰前活重×100%;

胴体产肉率(%)=净肉重(排酸后)÷屠宰前活重×100%。

肉骨比=净肉重÷骨重。

胴体高档(价)肉重=牛柳(里脊)重+

西冷(外脊)重+眼肉重+上脑重。

胴体高档(价)肉产出率=胴体高档(价)肉重÷胴体重×100%。

胴体后部肉重=臀肉重(尾龙扒)+大米龙重(烩扒)+

小米龙重(烩扒)+膝圆(和尚头、霖肉)+

腰肉(针扒)+腱子肉(牛)。

胴体后部产肉率=胴体后部肉块重量÷胴体重×100%。

胴体优质肉重=高档(价)肉块重+胴体后部肉块重。

胴体优质肉块产出率=胴体优质肉重量÷胴体重×100%。

胴体肉块重=胴体优质肉重+胴体前部肉块重+

牛腩重+脖领肉重+其他肉块重。

胴体产肉率=胴体肉块重÷胴体重×100%。

(六) 屠宰记录表

根据笔者实践,屠宰分割记录以一牛一表较好,便于综合评定比较。表11-9是根据2003年3月份市场销售调查(中餐中四星、五星饭店餐馆及西餐、韩国烧烤、日本烧烤与巴西烤肉)中的商品名称列出的。

表 11-9　肉牛屠宰分割记录表

牛号____年龄____宰前体重____屠宰率(%)____

肉块名称	分割肉块重(千克)			头蹄、下水重量(千克)
	左	右	合计	
里脊(牛柳)				头
外脊(西冷)				蹄
眼肉				黑肚
上脑				百叶
臀肉(针扒)				白肚
大米龙(烩扒)				肝
小米龙(烩扒)				心
霖肉(膝圆)				肺
腰肉(尾龙扒)				脾
前牛腱(牛)				肾
后牛腱(牛)				大肠
带骨腹肉				小肠
胸肉				牛尾
蝴蝶肉				牛鞭
脖领肉				膀胱
肩肉				牛骨
1号肥牛肉				牛舌
2号肥牛肉				鞭根
3号肥牛肉				睾丸(牛蛋)
4号肥牛肉				心管
牛肩三角肉				肺管
带骨眼肉				罗肌牛
带脂肪三角肉				罗肌皮
S特外脊(萨拉伯尔)				横膈肌
S腹肉				红肠
胸叉肉				脊髓
卡鲁比肉				喉管

肉块名称	分割肉块重(千克)			头蹄、下水重量(千克)
	左	右	合计	
软骨筋				直肠
筋皮				牛耳
辣椒条				胆汁
肉间脂肪				小里脊
肾脂肪				舌根肉
心包脂肪				片骨
盆腔脂肪				脆骨
肠胃脂肪				杂骨
腰油				棒骨
鞭油				长条软骨
肚油				和尚骨
脂肪油				
胃肠油				
胸口油				
牛油				
鞋底肉				
肋条 A				
肋条 B				

填表人＿＿＿＿＿ 年 月 日

三、卫生标准

（一）冻牛肉卫生标准　冻牛肉系指活牛屠宰加工,经兽医卫生检验符合市场鲜销,并经符合冷冻条件冷冻的牛肉。

1. 感官指标　冻牛肉解冻后感官指标见表 11-10。

表 11-10 冻牛肉的感官指标

项 目	一 级 鲜 度	二 级 鲜 度
色 泽	肌肉色红均匀,有光泽,脂肪白色或微黄色	肉色稍暗,肉与脂肪缺乏光泽,但切面尚有光泽
粘 度	肌肉外表微干,或有风干膜,或外表湿润,但不粘手	外表干燥,或轻度粘手,切面湿润粘手
组织状态	肌肉结构紧密,有坚实感,肌纤维韧性强	肌肉组织松弛,肌纤维有韧性
气 味	具有牛肉正常的气味	稍有氨味或酸味
煮沸后肉汤	澄清透明,脂肪团聚于表面,具有鲜牛肉汤固有的香味和鲜味	稍有浑浊,脂肪呈小滴浮于表面,香味和鲜味较差

2.理化指标 冻牛肉解冻后的理化指标见表 11-11。

表 11-11 冻牛肉的理化指标

项 目	指 标	
	一级鲜度	二级鲜度
挥发性盐基氮(毫克/100 克)	≤15	≤25
汞(毫克/100 克,以汞计)	≤0.05	

（二）鲜牛肉卫生标准 鲜牛肉系指活牛屠宰加工,经兽医卫生检验符合市场鲜销,而未经冷冻条件冷冻的牛肉。

1.感官指标 鲜牛肉的感官指标见表 11-12。

表 11-12 鲜牛肉感官指标

项 目	一 级 鲜 度	二 级 鲜 度
色 泽	肌肉有光泽,色红均匀,脂肪洁白或微黄色	肌肉色稍暗,脂肪缺乏光泽,但切面尚有光泽
粘 度	肌肉外表微干,或有风干膜,不粘手	外表干燥,或轻度粘手,新切面湿润
弹 性	指压后的凹陷,立即恢复	指压后的凹陷,恢复慢,且不能完全恢复

项 目	一 级 鲜 度	二 级 鲜 度
气 味	具有牛肉正常的气味	稍有氨味或酸味
煮沸后肉汤	澄清透明,脂肪团聚于表面,具特有香味	稍有浑浊,脂肪呈小滴浮于表面,香味差或无鲜味

2. 理化指标 鲜牛肉的理化指标见表 11-13。

表 11-13 鲜牛肉理化指标

项 目	指 标	
	一级鲜度	二级鲜度
挥发性盐基氮(毫克/100 克)	≤15	≤25
汞(毫克/100 克,以 Hg 计)	≤0.05	

附 录

附表 1 肉牛常用饲料成分表

一、青绿饲料

饲料名称	产地	水分(%)	代谢能(兆焦/千克)	代谢能(兆卡/千克)	维持净能(兆焦/千克)	增重净能(兆焦/千克)	在干物质中					备注
							粗蛋白质(%)	可消化粗蛋白质(克)	粗纤维(%)	钙(%)	磷(%)	
岸杂1号	湖北	76.1	8.75	2.09	5.15	2.43	15.5	98	33.1	—	—	三样平均
绊根草	湖南	76.2	8.37	2.00	4.94	2.05	11.3	160	34.5	0.56	0.14	—
白菜	广州	89.1	11.30	2.70	7.03	4.69	10.1	70	28.4	1.46	0.64	—
白菜	湖北	95.3	9.55	2.28	5.69	3.22	40.4	348	14.9	4.26	0.21	—
白茅	湖北	64.2	7.29	1.74	4.31	0.79	4.2	16	44.4	0.31	0.10	—
冰草	北京	75.4	8.62	2.06	5.10	2.30	10.7	88	30.9	0.73	0.28	西伯利亚种
冰草	北京	71.2	8.75	2.09	5.15	2.43	13.2	70	32.6	0.42	0.31	蒙古种
大白菜	北京	95.6	10.68	2.55	6.53	4.14	25.0	173	9.1	1.36	0.91	小白口
大白菜	北京	95.4	11.10	2.65	6.86	4.48	23.9	165	8.7	0.87	0.87	小青口

续附表 1

饲料名称	产地	水分(%)	代谢能 (兆焦/千克)	代谢能 (兆卡/千克)	维持净能 (兆焦/千克)	增重净能 (兆焦/千克)	在干物质中 粗蛋白质(%)	在干物质中 可消化粗蛋白质(克)	在干物质中 粗纤维(%)	在干物质中 钙(%)	在干物质中 磷(%)	备注
大白菜	上海	95.5	9.63	2.30	5.73	3.26	22.2	153	11.1	2.44	0.67	一
大白菜	长沙	93.0	10.17	2.43	6.15	3.72	25.7	177	11.4	1.43	0.71	一
大麦青割	北京	84.3	9.42	2.25	5.61	3.05	12.7	89	29.9	0.57	0.32	一
大麦青割	上海	83.3	10.98	2.60	6.69	4.31	31.1	246	18.0	一	0.60	一
大麦青割	南京	91.2	10.17	2.43	6.15	3.72	27.6	218	19.4	一	一	一
大豆青割	北京	64.8	8.54	2.04	5.02	2.22	9.7	73	28.7	1.02	0.83	一
大豆青割	扬州	74.3	9.84	2.35	5.90	3.43	16.7	127	27.6	一	1.17	一
大豆青割	浙江	75.0	9.50	2.27	5.65	3.14	21.6	164	23.0	0.44	0.12	一
大旱熟麦	北京	67.0	8.04	1.92	4.73	1.67	10.3	52	35.5	0.45	0.21	一
多叶老芒麦	北京	70.0	8.96	2.14	5.31	2.64	17.3	113	25.7	0.57	0.27	一
甘薯藤	南京	87.6	9.55	2.28	5.69	3.18	16.9	110	19.4	一	2.10	一
甘薯藤	湖北	88.2	8.83	2.11	5.23	2.52	20.3	132	16.9	一		
甘薯藤	广西	87.3	10.09	2.41	6.07	3.68	17.3	113	18.1	一		夏栽
甘薯藤	广西	85.5	9.21	2.20	5.48	2.89	11.7	76	17.2	一	一	秋栽
甘薯藤	四川	70.0	7.83	1.87	4.60	1.42	6.3	31	24.3	2.00	0.30	成熟期
甘薯藤	四川	87.9	8.83	2.11	5.23	2.51	11.6	75	19.0	1.40	0.41	
甘薯藤	贵州	89.1	8.58	2.51	5.06	2.26	15.6	101	18.3	2.48	0.28	

饲料名称	产地	水分(%)	代谢能 (兆焦/千克)	代谢能 (兆卡/千克)	维持净能 (兆焦/千克)	增重净能 (兆焦/千克)	粗蛋白质(%)	可消化粗蛋白质(克)	粗纤维(%)	钙(%)	磷(%)	备注
甘薯藤	11省市	87.0	8.67	2.07	5.10	2.34	16.2	105	19.2	1.53	0.38	15个样品均值
甘蔗尾	广东	75.4	7.87	1.88	4.64	1.51	6.1	26	31.3	0.28	0.41	
甘蓝包	上海	87.7	11.64	2.78	7.32	4.85	11.4	85	11.4	–	0.41	
甘蓝包	广州	92.2	9.50	2.27	5.65	3.18	16.7	135	12.8	0.77	0.51	
甘蓝包	广州	92.4	8.92	2.13	5.27	2.59	15.8	107	15.8	1.56	0.26	外 叶
甘蓝包	广西	89.1	10.84	2.59	6.65	4.27	11.9	89	11.9	–	–	外 叶
狗尾草	湖北	89.9	7.83	1.87	4.60	1.46	10.9	58	31.7	–	–	
黑麦草	北京	83.7	10.01	2.39	6.02	3.60	21.5	159	20.9	0.61	0.25	意大利黑麦
黑麦草	北京	82.0	10.17	2.43	6.11	3.72	18.3	136	23.3	0.72	0.27	
黑麦草	北京	80.8	10.17	2.43	6.15	3.72	17.3	127	25.0	0.78	0.26	
黑麦草	南京	83.7	10.55	2.52	6.44	4.06	12.9	95	24.5	–	–	
黑麦草	广西	77.2	8.25	1.97	4.85	1.88	7.5	40	29.8	–	–	抽穗期
黑麦草	四川	86.8	8.75	2.09	5.15	2.42	16.7	97	28.0	1.36	0.63	第一次收割
胡萝卜缨	上海	85.6	8.71	2.08	5.15	2.38	28.5	191	14.6	5.35	0.42	
胡萝卜缨	4省市	88.0	9.17	2.19	5.44	2.80	18.3	123	18.3	3.17	–	
花生藤	浙江	70.7	8.00	1.91	4.73	1.63	15.4	106	21.2	–	0.81	
花生藤	广州	75.4	7.58	1.81	4.48	1.17	10.2	61	35.4	2.15	–	

续附表 1

饲料名称	产地	水分(%)	代谢能(兆焦/千克)	代谢能(兆卡/千克)	维持净能(兆焦/千克)	增重净能(兆焦/千克)	粗蛋白质(%)	可消化粗蛋白质(克)	粗纤维(%)	钙(%)	磷(%)	备注
芜菁甘蓝	湖南	90.0	9.17	2.19	5.43	2.85	24.0	180	16.0	2.20	-	
坚尼草	广州	74.4	8.58	2.05	5.06	2.26	7.9	41	33.6	-	-	抽穗期
坚尼草	广西	76.6	7.70	1.84	4.56	1.30	6.8	34	38.9	-	-	拔节期
坚尼草	广西	67.3	7.58	1.81	4.48	1.17	3.7	18	40.4	-	-	抽穗期
聚合草	沧州	88.2	8.37	2.00	4.94	2.05	17.8	107	11.9	2.37	0.08	始花期
聚合草	湖南	90.0	8.42	2.01	4.94	2.09	23.0	168	10.0	-	-	花期
聚合草	成都	90.4	8.75	2.09	5.15	2.43	27.1	163	11.5	1.77	0.50	现蕾期
萝卜叶	北京	89.4	8.67	2.07	5.10	2.34	17.9	147	8.5	0.14	0.10	
萝卜叶	重庆	91.7	10.34	2.47	6.28	3.89	26.5	217	14.5	2.20	0.05	
马铃薯秧	哈尔滨	87.9	6.45	1.54	3.97	-	22.5	94	20.7	1.90	0.70	
芒草	湖南	65.5	7.91	1.89	4.64	1.13	4.0	28	33.9	0.46	0.06	
苜蓿	北京	73.8	7.58	1.81	4.48	1.17	14.5	100	35.9	1.30	0.38	
苜蓿	吉林	75.0	8.96	2.14	5.31	2.64	20.8	162	31.6	2.08	2.24	
苜蓿	南京	71.2	9.55	2.28	5.69	3.18	17.7	138	26.4	1.22	1.53	
苜蓿	陕西	79.8	8.62	2.06	5.10	2.30	17.8	139	32.2	2.33	0.30	
苜蓿	四川	85.8	10.84	2.59	6.65	4.27	26.1	188	18.3	0.92	0.21	
苜蓿	四川	86.1	11.05	2.64	6.82	4.44	22.3	161	19.4	0.94	0.36	

续附表 1

饲料名称	产地	水分(%)	代谢能(兆焦/千克)	代谢能(兆卡/千克)	维持净能(兆焦/千克)	增重净能(兆焦/千克)	在干物质中 粗蛋白质(%)	在干物质中 可消化粗蛋白质(克)	在干物质中 粗纤维(%)	在干物质中 钙(%)	在干物质中 磷(%)	备注
苜蓿	四川	86.1	10.47	2.50	6.36	3.97	26.6	192	20.9	1.29	0.54	
牛尾草	北京	78.7	10.89	2.60	6.69	4.31	21.1	163	23.0	0.89	0.23	
荞麦苗	贵州	80.2	9.09	2.17	5.40	2.76	19.2	129	24.2	3.48	0.71	
荞麦苗	四川	82.6	8.96	2.14	5.31	2.64	11.5	77	30.5	-	0.29	
三叶草	北京	20.3	9.92	2.37	5.94	3.51	16.8	109	28.9	1.32	0.33	红三叶
三叶草	武昌	88.6	10.43	2.49	6.32	3.93	16.7	117	18.4	-	-	现蕾期
三叶草	武昌	86.1	9.80	2.34	5.86	3.39	15.8	103	23.7	-	-	初花期
三叶草	武昌	87.3	5.99	1.43	5.98	3.56	14.2	92	26.0	-	-	盛花期
三叶草	广西	20.4	9.76	2.33	5.82	3.39	12.2	80	25.5	-	-	
三叶草	贵州	21.5	10.05	2.40	6.07	3.64	20.0	136	22.2	-	-	
雀麦草	武昌	79.6	10.26	2.45	6.19	3.81	27.9	179	23.0	0.64	0.34	
雀麦草	北京	74.7	10.22	2.44	6.15	3.77	16.2	104	30.0	2.53	0.28	
沙打旺	北京	85.1	9.67	2.31	5.77	3.31	23.5	174	15.4	1.34	0.34	
苕子	南京	86.9	10.85	2.41	6.07	3.64	26.7	198	20.5	2.06	0.53	
苕子	浙江	85.0	9.59	2.29	5.73	3.22	26.7	181	28.0	-	-	现蕾
苕子	浙江	85.0	9.46	2.26	5.65	3.14	21.3	145	32.7	-	-	初花
苕子	广州	85.6	10.13	2.42	6.11	3.68	27.1	200	23.6	0.83	0.14	

续附表 1

饲料名称	产地	水分 (%)	在干物质中									备注
			代谢能 (兆焦/千克)	代谢能 (兆卡/千克)	维持净能 (兆焦/千克)	增重净能 (兆焦/千克)	粗蛋白质 (%)	可消化粗蛋白质(克)	粗纤维 (%)	钙 (%)	磷 (%)	
苕子	贵州	83.2	9.76	2.33	5.82	3.35	25.0	174	25.0	-	-	盛花
苏丹草	广西	81.5	9.21	2.20	5.48	2.89	10.3	64	29.2	0.48	0.15	拔节
苏丹草	广西	80.3	9.38	2.24	5.56	3.01	8.6	54	31.5	-	-	抽穗
甜菜叶	浙江	89.0	9.71	2.32	5.82	3.35	24.5	182	10.0	0.55	0.09	
甜菜叶	宁夏	92.6	8.58	2.05	5.06	2.26	25.7	190	13.5	1.62	-	德国种
甜菜叶	宁夏	93.3	8.62	2.06	5.10	2.30	26.9	199	11.9	1.49	-	内蒙种
甜菜叶	新疆	91.3	9.29	2.22	5.52	2.97	23.0	170	11.5	1.26	0.46	
通心菜	上海	90.1	9.67	2.31	5.77	3.31	23.2	200	10.1	1.01	-	
通心菜	广州	90.0	11.14	2.66	6.90	4.48	21.0	181	19.0	1.20	0.20	
象草	湖南	83.6	9.34	2.33	5.56	2.97	14.6	91	29.3	0.24	-	
象草	广州	86.6	8.96	2.14	5.31	2.64	11.2	69	29.9	0.52	0.45	
象草	广州	91.7	8.79	2.10	5.19	2.47	19.3	135	26.5	0.60	0.36	
向日葵盘	广州	89.7	8.67	2.07	5.10	2.34	4.9	23	19.4	0.97	0.10	
向日葵秆	2省市	83.0	8.58	2.05	5.06	2.26	15.9	100	10.6	4.35	0.24	
小麦青割	北京	70.2	9.55	2.28	5.69	3.18	16.1	101	28.9	0.89	0.09	春小麦
鸭茅	北京	79.4	8.37	2.00	4.94	2.05	15.5	93	28.6	2.38	0.29	
鸭茅	北京	78.8	8.04	1.92	4.73	1.72	13.2	79	28.3	0.52	0.28	

续附表 1

饲料名称	产地	水分 (%)	代谢能 (兆焦/千克)	代谢能 (兆卡/千克)	维持净能 (兆焦/千克)	增重净能 (兆焦/千克)	粗蛋白质 (%)	可消化粗蛋白质 (克)	粗纤维 (%)	钙 (%)	磷 (%)	备注
燕麦青割	北京	80.3	10.72	2.56	6.57	4.18	14.7	106	27.4	0.56	0.36	抽穗
燕麦青割	黑龙江	74.5	8.96	2.14	5.31	2.64	16.1	88	28.2	0.35	0.24	扬花期
燕麦青割	广西	77.9	8.88	2.12	5.23	2.55	10.9	60	30.8	-	-	
燕麦青割	广州	80.4	8.16	1.95	4.81	1.80	11.2	80	33.2	-	-	
小冠花	北京	80.0	9.88	2.36	5.94	3.47	20.0	148	21.0	1.55	0.30	
野稗草	北京	81.5	8.21	1.96	4.81	1.88	16.2	101	27.0	1.03	0.27	
似高粱	北京	81.6	9.29	2.22	5.52	2.97	12.0	73	28.3	0.71	0.16	
似高粱	湖南	81.5	8.54	2.04	5.02	2.22	6.5	40	33.0	1.14	0.43	
野青草	北京	74.7	8.25	1.97	4.85	1.88	6.7	38	28.1	-	0.47	狗尾草为主
野青草	北京	65.5	8.00	1.91	4.73	1.63	11.0	68	29.9	0.41	0.32	䅟草为主
野青草	黑龙江	81.1	8.92	2.13	5.27	2.59	16.9	105	30.2	1.27	0.16	
野青草	广州	70.4	8.46	2.02	4.98	2.13	7.8	44	35.1	-	-	
野青草	广西	67.2	8.37	2.00	4.94	2.05	7.0	40	35.1	-	-	
玉米青割	北京	73.1	10.89	2.60	6.69	4.31	7.8	54	17.8	0.30	0.30	
玉米青割	哈尔滨	82.1	9.67	2.31	5.77	3.31	6.1	37	29.1	0.34	0.22	
玉米青割	黑龙江	77.1	9.71	2.32	5.82	3.31	6.6	40	30.1	-	0.09	叶
玉米青割	上海	87.2	9.38	2.24	5.56	3.05	9.4	57	32.8	0.63	0.47	

饲料名称	产地	水分 (%)	在干物质中									备注
			代谢能 (兆焦/千克)	代谢能 (兆卡/千克)	维持净能 (兆焦/千克)	增重净能 (兆焦/千克)	粗蛋白质 (%)	可消化粗蛋白质 (克)	粗纤维 (%)	钙 (%)	磷 (%)	
玉米青割	上海	82.4	9.42	2.25	5.61	3.10	8.5	52	33.0	0.51	0.28	未抽穗
玉米青割	上海	81.5	9.25	2.21	5.48	2.89	8.1	49	29.2	0.32	–	抽穗
玉米青割	宁夏	84.6	10.13	2.42	6.11	3.68	14.0	105	29.9	0.49	0.37	
玉米青割	宁夏	75.9	10.10	2.41	6.07	3.68	12.9	96	27.4	0.37	0.33	
玉米青割	四川	91.1	10.43	2.49	6.32	3.93	15.7	118	29.2	0.79	–	
玉米青割	北京	72.9	9.76	2.33	5.82	3.39	3.0	12	29.2	0.33	0.37	
玉米青割	北京	81.4	10.38	2.48	6.32	3.89	14.0	105	27.4	0.11	0.05	
紫云英	北京	83.5	10.30	2.46	6.23	3.85	26.1	188	18.2	1.39	0.42	
紫云英	上海	83.8	10.01	2.39	6.02	3.60	19.8	140	25.3	1.30	0.31	
紫云英	南京	90.0	12.06	2.88	7.74	5.15	26.0	187	11.0	–	–	初花
紫云英	南京	91.0	11.01	2.63	6.78	4.39	14.4	103	16.7	–	–	盛花
紫云英	浙江	90.2	10.97	2.62	6.78	4.35	28.6	206	13.3	–	–	初花
紫云英	8省市	87.0	10.43	2.49	6.32	3.93	22.3	158	19.2	1.38	0.53	平均值
二、青贮类饲料												
草木樨青贮	西宁	68.4	8.25	1.97	4.85	1.88	16.1	118	32.3	1.68	0.25	
冬大麦青贮	北京	77.8	9.17	2.19	5.44	2.80	11.7	74	29.7	0.23	0.14	
甘薯藤青贮	北京	66.9	7.66	1.83	4.52	1.34	6.0	26	18.4	1.39	0.45	

续附表 1

饲料名称	产地	水分(%)	代谢能(兆焦/千克)	代谢能(兆卡/千克)	维持净能(兆焦/千克)	增重净能(兆焦/千克)	粗蛋白质(%)	可消化粗蛋白质(克)	粗纤维(%)	钙(%)	磷(%)	备注
甘薯藤青贮	广西	78.3	8.16	1.95	4.81	1.80	12.9	55	21.7	-	-	
甘薯藤青贮	上海	81.7	6.91	1.65	4.14	0.33	9.3	37	24.6	-	-	
甜菜叶青贮	吉林	62.5	9.34	2.33	5.56	3.01	12.3	82	19.7	1.04	0.26	
甘蓝菜青贮	广州	75.0	11.05	2.64	6.82	4.44	21.6	149	17.6	1.56	0.04	
玉米青贮	双阳	75.0	5.61	1.34	3.51	-	5.6	11	35.6	0.40	0.08	黄贮
玉米青贮	浙江	71.8	8.62	2.06	5.10	2.30	5.5	27	31.5	0.31	0.27	
玉米青贮	黑龙江	74.4	10.72	2.56	6.57	4.18	8.2	52	25.0	-	0.31	
玉米青贮	四川	77.3	8.37	2.00	4.94	2.01	7.1	35	30.4	0.44	0.26	五样品均值
玉米青贮	浙江	75.0	8.50	2.03	5.02	2.18	6.0	30	30.8	-	-	乳熟
玉米大豆混贮	北京	78.2	8.33	1.99	4.90	2.01	9.6	45	31.7	0.69	-	
胡萝卜青贮	甘肃	76.4	9.76	2.33	5.82	3.39	8.9	44	18.6	1.06	0.13	
胡萝卜叶青贮	西宁	80.3	8.37	2.00	4.94	2.05	15.7	104	28.9	1.78	0.15	
苜蓿青贮	西宁	66.3	7.66	1.83	4.52	1.26	15.7	94	38.0	1.48	0.30	盛花
三、根、块、茎、瓜、果类												
鲜甘薯	11省市	75.3	12.56	3.00	8.20	5.48	4.2	23	3.6	0.52	0.27	11样品均值
干甘薯	8省市	10.0	12.73	3.04	8.37	5.56	4.3	6	2.6	0.17	0.13	40样品均值
胡萝卜	张家口	90.7	13.10	3.13	8.79	5.82	8.6	63	8.6	0.54	0.32	

续附表 1

饲料名称	产地	水分(%)	代谢能		在干物质中							备注
			(兆焦/千克)	(兆卡/千克)	维持净能(兆焦/千克)	增重净能(兆焦/千克)	粗蛋白质(%)	可消化粗蛋白质(克)	粗纤维(%)	钙(%)	磷(%)	
胡萝卜	黑龙江	86.3	12.98	3.10	8.62	5.73	10.2	75	10.2	0.44	0.36	红色
胡萝卜	黑龙江	86.4	13.15	3.14	8.83	5.82	9.7	71	12.7	0.52	-	黄色
胡萝卜	上海	88.4	13.40	3.20	9.08	5.98	7.8	57	12.1	1.38	0.34	
胡萝卜	12省市	88.0	13.02	3.11	8.70	5.73	9.2	67	10.0	1.25	0.75	13样品均值
萝卜	北京	91.8	12.39	2.96	8.03	5.36	7.3	52	9.8	0.61	0.37	白萝卜
萝卜	浙江	93.0	12.27	2.93	7.91	5.27	12.9	91	10.0	-	-	长大萝卜
萝卜	成都	93.0	11.68	2.79	7.36	4.90	18.6	132	12.9	1.00	0.57	红色
萝卜	11省市	93.0	12.06	2.88	7.74	5.44	12.9	91	10.0	0.70	0.43	11样品均值
马铃薯	10省市	78.0	12.31	2.94	7.95	5.31	7.3	40	3.2	0.09	0.14	
木薯粉	广西	6.0	12.90	3.08	8.54	5.65	3.3	-	2.4	-	-	
南瓜	黑龙江	90.0	12.23	2.92	7.87	5.27	16.0	112	10.0	-	-	饲用瓜
南瓜	成都	93.6	12.23	2.92	7.87	5.27	10.9	77	12.5	-	-	
南瓜	9省市	90.0	12.39	2.96	8.03	5.36	10.0	70	12.0	0.40	0.20	
甜菜	黑龙江	90.1	9.25	2.21	5.48	2.93	14.0	-	15.2	0.30	-	
甜菜	贵州	86.5	11.47	2.74	7.20	4.73	6.7	-	5.2	0.22	0.30	
甜菜	8省市	85.0	9.21	2.20	5.48	2.87	13.3	-	11.3	0.40	0.27	
干甜菜渣	东北	11.4	113.5	2.71	7.07	4.64	8.2	54	22.1	0.74	0.08	

続附表 1

饲料名称	产地	水分(%)	代谢能(兆焦/千克)	代谢能(兆卡/千克)	维持净能(兆焦/千克)	增重净能(兆焦/千克)	粗蛋白质(%)	可消化粗蛋白质(克)	粗纤维(%)	钙(%)	磷(%)	备注
甘蓝	湖南	90.0	11.85	2.83	7.53	4.98	18.0	128	22.0	1.40	0.50	
甘蓝	湖南	88.5	13.69	3.27	9.41	6.15	13.9	104	8.7	0.52	0.43	
甘蓝	3省	90.0	12.98	3.10	8.62	5.73	10.0	71	13.0	0.60	0.20	
四、干草类												
白茅草	南京	9.1	7.16	1.71	4.27	0.37	8.1	29	32.3	0.30	0.10	
萆草	黑龙江	6.6	7.12	1.70	4.23	0.63	5.4	7	39.6	–	–	
绊根草	湖南	7.4	7.37	1.76	4.35	0.96	10.4	53	30.5	0.56	0.14	
草木犀	江苏	11.7	7.54	1.80	4.44	1.13	19.0	120	31.6	2.74	0.02	
大豆干草	黑龙江	5.4	7.75	1.85	4.56	1.38	12.5	75	30.3	1.59	0.74	
大米草	江苏	16.8	7.58	1.81	4.48	1.17	15.4	92	36.4	0.50	0.02	
黑麦草	吉林	12.2	9.76	2.33	5.82	3.39	19.4	136	23.2	0.44	0.27	
黑麦草	四川	9.2	8.33	1.99	4.90	2.01	12.8	79	30.1	–	–	
胡枝子	江西	5.3	7.49	1.79	4.44	1.09	17.5	86	38.6	0.99	0.12	
混合牧草	内蒙古	9.9	7.58	1.81	4.48	1.17	15.4	93	38.2	–	–	夏季
混合牧草	内蒙古	7.8	8.00	1.91	4.73	1.67	10.4	37	29.5	–	–	秋季
混合牧草	内蒙古	11.3	6.82	1.63	4.10	0.25	2.6	5	40.5	–	–	冬季
皮麦草	内蒙古	10.7	9.17	2.19	5.44	2.85	20.8	137	33.1	–	–	

续附表 1

饲料名称	产地	水分(%)	代谢能(兆焦/千克)	代谢能(兆卡/千克)	维持净能(兆焦/千克)	增重净能(兆焦/千克)	粗蛋白质(%)	可消化粗蛋白质(克)	粗纤维(%)	钙(%)	磷(%)	备注
麦皮草	内蒙古	10.7	6.99	1.67	4.18	0.50	12.0	17	43.9	-	-	
碱草	内蒙古	9.7	9.25	2.21	5.48	2.89	21.0	133	28.7	-	-	营养期
碱草	内蒙古	9.9	7.95	1.90	4.89	1.59	14.9	54	35.0	-	-	抽穗期
碱草	内蒙古	9.7	6.82	1.63	4.10	0.25	8.1	45	45.0	-	-	结实期
芨草	湖南	10.8	9.63	2.30	5.73	3.26	25.0	158	23.8	-	-	
芦苇	新疆	8.7	6.57	1.57	3.97	-	9.6	58	35.4	0.12	0.12	
芦苇	2省市	4.3	6.36	1.52	3.85	-	5.7	29	36.3	0.08	0.10	2样品均值
米儿蒿	张北牧场	10.8	8.42	2.01	4.94	2.09	13.3	76	27.7	1.22	0.91	结籽期
苜蓿干草	北京	7.6	8.71	2.08	5.15	2.38	18.2	120	31.9	2.11	0.30	苏2号
苜蓿干草	黑龙江	6.1	9.76	2.33	5.82	3.39	19.1	147	26.4	-	-	紫花
苜蓿干草	黑龙江	6.9	8.46	2.02	4.98	2.13	14.0	112	37.1	-	-	野生
苜蓿干草	吉林	12.6	9.46	2.26	5.65	3.10	22.7	174	29.1	-	-	公主1号一茬
苜蓿干草	吉林	11.7	8.92	2.13	5.27	2.59	25.0	165	33.4	1.63	0.22	公主1号三茬
苜蓿干草	吉林	12.3	9.00	2.15	5.31	2.68	20.9	138	35.9	1.68	0.22	公主1号二茬
苜蓿干草	河南	11.6	7.79	2.10	5.19	2.47	17.5	126	28.7	1.24	0.25	
苜蓿干草	新疆	8.7	9.34	2.23	5.56	3.01	20.5	135	30.4	1.43	0.20	
苜蓿干草	新疆	7.2	8.67	2.07	5.10	2.34	16.3	107	34.4	2.36	0.22	

（在干物质中）

饲料名称	产地	水分 (%)	代谢能 (兆焦/千克)	代谢能 (兆卡/千克)	维持净能 (兆焦/千克)	增重净能 (兆焦/千克)	粗蛋白质 (%)	可消化粗蛋白质 (克)	粗纤维 (%)	钙 (%)	磷 (%)	备注
					在 干 物 质 中							
披碱草	河北	5.1	7.03	1.68	4.18	0.50	8.11	45	46.8	0.32	0.01	
披碱草	吉林	11.2	7.24	1.73	4.31	0.75	7.10	35	36.3	0.44	0.33	
雀麦草	内蒙古	8.4	7.70	1.84	4.56	1.30	13.9	69	30.0	–	–	
雀麦草	内蒙古	6.8	7.45	1.78	4.39	1.00	11.1	70	33.0	–	–	
雀麦草	黑龙江	5.7	6.82	1.63	4.10	0.29	13.9	25	36.2	–	–	
雀麦草	湖南	9.1	9.25	2.21	5.48	2.93	16.4	98	25.0	0.70	0.14	
苕子	浙江	12.7	9.80	2.34	5.86	3.43	26.3	174	27.7	1.29	0.36	现蕾
苕子	浙江	9.5	9.29	2.22	5.52	2.97	21.1	139	32.9	–	–	初花
苕子	浙江	4.4	9.17	2.19	5.44	2.85	18.6	123	33.1	–	–	盛花
苏丹草	黑龙江	14.2	8.71	2.08	5.15	2.38	12.2	71	33.3	0.38	0.16	
苏丹草	辽宁	10.0	7.75	1.85	4.56	1.38	7.0	23	37.9	–	–	
苏丹草	南京	8.5	7.95	1.90	4.69	1.59	7.5	38	30.4	–	–	
黑麦干草	北京	13.5	7.79	1.86	4.60	1.42	8.9	53	32.8	0.43	0.36	
黑麦干草	广西	13.2	8.50	20.3	5.02	2.13	14.7	86	28.8	–	0.23	
羊草	黑龙江	8.4	8.00	1.91	4.73	1.63	8.1	40	32.1	0.40	0.20	
野干草	北京	14.8	7.29	1.74	4.31	0.84	8.0	50	32.3	0.48	0.36	秋白草
野干草	河北	6.9	7.66	1.83	4.52	1.26	7.9	45	28.0	0.66	0.42	禾本科

续附表 1

饲料名称	产地	水分 (%)	代谢能 (兆焦/千克)	代谢能 (兆卡/千克)	维持净能 (兆焦/千克)	增重净能 (兆焦/千克)	粗蛋白质 (%)	可消化粗蛋白质(克)	粗纤维 (%)	钙 (%)	磷 (%)	备注
野干草	河北	12.1	7.87	1.88	4.64	1.51	10.6	53	28.4	0.38	–	野草
野干草	内蒙古	8.6	7.45	1.78	4.39	1.05	6.8	41	33.4	–	–	草
野干草	吉林	9.4	7.29	1.74	4.31	0.84	9.8	59	37.2	0.60	0.10	山草
野干草	山东	7.9	7.20	1.72	4.27	0.71	8.3	50	33.7	0.49	0.08	野草
野干草	上海	9.1	6.57	1.57	3.93	–	6.9	40	23.1	0.34	0.32	杂草
野干草	河南	9.2	7.37	1.76	4.35	0.92	7.6	48	31.4	0.56	0.24	杂草
野干草	广东	16.0	7.37	1.76	4.35	0.92	3.9	13	34.5	0.04	0.02	杂草
野干草	新疆	8.3	7.16	1.71	4.27	0.71	7.4	38	40.1	0.67	0.09	草原野干草
野干草	新疆	9.8	7.08	1.69	4.23	0.54	8.5	31	37.5	–	0.09	羽毛草为主
野干草	新疆	11.0	6.66	1.59	4.02	0.04	7.0	42	32.8	0.04	0.13	芦苇草为主
针茅	内蒙古	11.6	6.57	1.57	3.97	–	9.1	46	51.6	–	–	
针茅	内蒙古	11.2	6.66	1.59	4.02	0.08	9.5	47	51.4	–	–	
紫云英	江苏	9.2	10.68	2.55	6.53	4.14	28.4	219	13.0	–	–	初花
紫云英	江苏	12.0	10.30	2.46	6.23	3.81	25.3	205	22.2	4.13	0.60	盛花
紫云英	江苏	9.2	9.04	2.16	5.36	2.72	21.4	139	22.2	–	–	结实
五、农副产品类												
蚕豆秸	浙江	6.9	7.45	1.78	4.39	1.05	16.4	77	35.4	–	–	–

续附表 1

饲料名称	产地	水分(%)	代谢能(兆焦/千克)	代谢能(兆卡/千克)	维持净能(兆焦/千克)	增重净能(兆焦/千克)	粗蛋白质(%)	可消化粗蛋白质(克)	粗纤维(%)	钙(%)	磷(%)	备注
大麦秸	宁夏	4.8	7.75	1.85	4.56	1.38	6.1	18	35.5	0.15	0.02	-
大麦秸	新疆	11.6	6.24	1.49	3.81	-	5.5	19	38.2	0.06	0.07	-
大豆秸	吉林	10.3	6.53	1.56	3.93	-	3.6	10	52.1	0.68	0.03	-
大豆秸	辽宁	6.3	6.36	1.52	3.85	-	5.1	15	54.1	-	-	
大豆秸	河南	7.3	6.20	1.48	3.76	-	9.8	28	48.1	1.33	0.22	
稻草	江苏	4.9	6.78	1.62	4.06	0.21	3.8	2	28.4	-	-	
稻草	浙江	8.4	7.83	1.87	4.60	1.42	4.7	-	32.3	-	-	1%石灰水处理
稻草	浙江	10.6	7.03	1.68	4.18	0.54	2.8	2	27.0	0.08	0.06	
稻草	福建	16.7	7.03	1.68	4.18	0.50	3.7	2	31.0	-	0.06	
稻草	湖北	15.0	7.03	1.68	4.18	0.50	3.4	2	25.2	0.11	0.05	
稻草	广西	10.7	6.70	1.60	4.02	0.13	2.7	2	26.9	-	-	早稻
稻草	广西	10.3	6.78	1.62	4.06	0.21	3.5	2	31.8	-	-	晚稻
稻草	宁夏	7.8	6.78	1.62	4.06	-0.21	3.5	2	35.4	0.16	0.04	
糙稻谷	广东	11.5	5.02	1.20	3.26	-	6.3	21	27.0	0.18	0.26	
甘薯藤	北京	9.5	7.16	1.71	4.27	0.67	14.6	63	25.3	1.90	0.29	
甘薯藤	山东	10.0	8.08	1.93	4.77	1.72	8.4	33	34.1	1.81	0.09	
甘薯藤	云南	8.3	8.16	1.95	4.81	1.80	16.0	95	19.8	1.47	0.48	

续附表 1

饲料名称	产地	水分(%)	代谢能(兆焦/千克)	代谢能(兆卡/千克)	维持净能(兆焦/千克)	增重净能(兆焦/千克)	粗蛋白质(%)	可消化粗蛋白质(克)	粗纤维(%)	钙(%)	磷(%)	备注
甘薯藤	7省市	12.0	8.00	1.91	4.73	1.63	9.2	36	32.4	1.76	0.13	25样品均值
高粱秸	辽宁	4.8	7.91	1.89	4.64	1.55	3.9	8	35.6	-	-	
谷草	黑龙江	9.3	7.62	1.82	4.52	1.21	5.0	28	35.9	0.37	0.03	
花生藤	南京	10.0	9.04	2.16	5.36	2.72	14.3	115	24.6	0.13	0.01	
花生藤	山东	8.7	8.42	2.01	4.94	2.09	12.0	96	32.4	2.69	0.04	
藤草	宁夏	9.3	7.62	1.82	4.52	1.21	5.7	32	32.9	0.27	-	
荞麦秸	宁夏	4.6	5.99	1.43	3.68	-	4.4	22	41.6	0.12	0.02	
小麦秸	北京	54.6	6.66	1.59	4.02	0.38	10.1	14	36.1	-	-	
小麦秸	宁夏	8.4	5.61	1.34	3.51	-	3.1	9	44.7	0.28	0.03	
小麦秸	新疆	10.4	6.91	1.65	4.14	0.38	6.3	9	35.6	0.06	0.07	
燕麦秸	河北	7.0	8.12	1.94	4.77	1.80	7.5	25	28.4	0.18	0.01	
莜麦秸	河北	4.8	6.99	1.67	4.18	0.50	9.2	18	46.2	0.30	0.11	
玉米秸	黑龙江	6.7	9.88	2.36	5.94	3.47	8.4	28	24.0	-	-	
玉米秸	辽宁	10.0	9.55	2.28	5.69	3.18	6.6	22	27.7	-	-	
玉米秸	江苏	8.2	9.59	2.29	5.73	3.22	6.5	22	26.3	-	-	
玉米秸	河南	8.7	9.50	2.27	5.65	3.14	9.3	32	26.2	0.43	0.25	
玉米叶	黑龙江	8.4	9.63	2.30	5.73	3.26	7.2	24	27.5	0.09	0.13	

续附表 1

六、谷实类

饲料名称	产地	水分(%)	代谢能(兆焦/千克)	代谢能(兆卡/千克)	维持净能(兆焦/千克)	增重净能(兆焦/千克)	在干物质中 粗蛋白质(%)	在干物质中 可消化粗蛋白质(克)	在干物质中 粗纤维(%)	钙(%)	磷(%)	备注
玉米果穗包叶		8.5	10.93	2.61	6.74	4.35	4.15	12	36.8	-	-	
大米	江苏	13.0	13.52	3.23	9.25	6.07	10.1	77	0.8	0.05	0.29	糯米
大米	广东	12.9	13.36	3.19	9.04	5.94	7.8	59	2.2	-	0.24	16样品均值
大米	九省市	12.5	13.48	3.22	9.16	6.02	9.7	74	0.9	0.07	0.32	碎米
大米	湖南	11.8	13.27	3.17	8.95	5.90	10.0	76	2.7	0.06	0.12	三样品均值
大米	3省市	13.4	13.61	3.25	9.33	6.07	8.2	62	0.8	0.02	0.52	
大麦	河北	11.2	12.02	2.87	7.07	5.10	13.0	95	8.7	0.26	0.33	49样品均值
大麦	20省市	11.2	12.35	2.95	7.99	5.31	12.2	89	5.3	0.14	0.18	粳稻
稻谷	江苏	11.2	12.06	2.88	7.74	5.15	8.7	50	9.7	0.07	0.36	早稻
稻谷	浙江	13.0	11.60	2.77	7.28	4.85	10.5	61	10.2	-	-	中稻
稻谷	湖北	9.7	11.56	2.76	7.28	4.77	7.5	44	12.3	-		
稻谷	湖南	8.4	11.72	2.80	7.41	4.90	9.4	54	9.9	0.05	0.17	杂交晚稻
稻谷	9省市	9.4	11.81	2.82	7.49	4.98	9.2	53	9.4	0.14	0.31	34样品均值
高粱	北京	13.0	12.35	2.95	7.99	5.36	9.8	56	1.7	0.10	0.41	红高粱
高粱	北京	11.6	12.06	2.88	7.74	5.15	9.0	52	2.7	0.06	2.38	杂交多穗
高粱	黑龙江	12.7	12.39	2.96	8.03	5.36	9.2	52	1.7	0.02	0.44	

续附表 1

饲料名称	产地	水分 (%)	代谢能 (兆焦/千克)	代谢能 (兆卡/千克)	维持净能 (兆焦/千克)	增重净能 (兆焦/千克)	粗蛋白质 (%)	可消化粗蛋白质 (克)	粗纤维 (%)	钙 (%)	磷 (%)	备注
高粱	吉林	14.0	11.85	2.83	7.55	5.02	8.0	46	2.3	0.14	0.27	小粒高粱
高粱	辽宁	7.0	12.39	2.96	8.03	5.36	10.5	60	1.5	-	-	
高粱	广州	14.8	12.14	2.90	7.78	5.19	9.6	55	2.1	0.10	0.19	
高粱	贵州	14.8	12.23	2.92	7.87	5.27	7.4	42	2.7	0.04	0.36	
高粱	17省市	10.7	12.27	2.93	7.91	5.23	9.7	56	2.5	0.10	0.31	38样品均值
荞麦	上海	10.4	11.97	2.86	7.66	5.06	11.2	81	11.2	-	0.16	
荞麦	湖南	10.5	11.97	2.86	7.66	5.10	10.5	77	9.3	-	-	
荞麦	贵州	13.8	9.88	2.36	5.94	3.47	8.5	61	17.6	0.02	0.35	
荞麦	11省市	12.9	11.47	2.74	7.20	4.73	11.4	83	13.2	0.10	0.34	14品种均值
小麦	北京	12.5	13.52	3.23	9.25	6.07	10.1	78	0.9	0.08	0.55	
小麦	湖南	10.0	13.44	3.21	9.12	5.98	12.9	101	0.9	0.03	0.20	
小麦	广东	3.4	13.10	3.13	8.79	5.82	15.9	124	3.5	0.32	-	
小麦	15省市	8.2	13.27	3.17	8.95	5.90	13.2	103	2.6	0.12	0.39	28样品均值
小米	北京	13.8	13.40	3.20	9.08	5.94	10.7	77	0.9	0.05	0.32	
小米	8省市	13.2	13.36	3.19	9.04	5.94	10.3	74	1.5	0.06	0.37	9品种均值
燕麦	河北	6.5	11.97	2.86	7.66	5.10	12.5	94	10.8	0.16	0.46	
燕麦	11省市	9.7	12.10	2.89	7.78	5.19	12.8	100	9.9	0.17	0.37	17样品均值

続附表 1

饲料名称	产地	水分 (%)	代谢能 (兆焦/千克)	代谢能 (兆卡/千克)	维持净能 (兆焦/千克)	增重净能 (兆焦/千克)	粗蛋白质 (%)	可消化粗蛋白质(克)	粗纤维 (%)	钙 (%)	磷 (%)	备注
玉米	北京	11.8	13.44	3.21	9.12	5.98	8.8	61	2.4	0.02	0.41	白玉米
玉米	北京	12.0	13.90	3.32	9.67	6.23	9.7	72	1.5	0.02	0.24	黄玉米
玉米	黑龙江	10.8	13.98	3.34	9.75	6.28	11.0	82	1.9	–	–	黄玉米
玉米	云南	11.3	13.65	3.26	9.37	6.11	8.6	59	2.5	0.02	0.25	黄玉米
玉米	云南	10.1	13.57	3.24	9.29	6.07	9.8	68	2.8	0.06	0.21	白玉米
玉米	23省市	11.6	13.44	3.21	9.12	5.98	9.7	67	2.3	0.09	0.24	120样品均值
七、糠麸类												
大豆皮	北京	9.0	10.17	2.43	6.15	3.72	20.7	99	27.6	–	0.38	
大豆皮	北京	13.0	12.02	2.87	7.70	5.10	17.7	124	6.6	0.38	0.55	
高粱糠	两省	8.9	12.64	3.02	8.28	5.52	10.5	60	4.4	0.08	0.89	8样品均值
黑麦麸	甘肃	8.1	10.89	2.60	6.69	4.31	14.9	113	8.7	0.04	0.52	细粉
黑麦麸	甘肃	8.3	8.25	1.97	4.85	1.92	8.7	50	20.8	0.05	0.14	粗粉
黄面粉	湖南	12.2	13.52	3.23	9.25	6.07	12.6	99	0.9	0.14	0.15	三等面粉
黄面粉	北京	12.5	12.81	3.06	8.45	5.61	19.2	150	7.1	–	0.14	次粉
黄面粉	北京	12.8	13.44	3.21	9.12	5.98	10.9	85	1.5	0.09	0.50	土面
米糠	广东	10.9	12.35	2.95	7.99	5.36	11.9	86	7.3	0.11	1.69	
米糠	上海	11.6	13.57	3.24	9.29	6.07	16.1	116	7.1	0.25	–	

续附表 1

饲料名称	产地	水分(%)	干物质中 代谢能(兆焦/千克)	代谢能(兆卡/千克)	维持净能(兆焦/千克)	增重净能(兆焦/千克)	粗蛋白质(%)	可消化粗蛋白质(克)	粗纤维(%)	钙(%)	磷(%)	备注
米糠	四川	7.9	11.89	2.84	7.57	5.02	15.2	109	10.4	0.13	1.74	杂交中稻
米糠	四川省市	9.8	12.69	3.03	8.33	5.56	13.4	97	10.2	0.16	1.15	13样品均值
小麦麸	山西	12.8	10.89	2.60	6.69	4.31	15.9	121	10.6	-	-	
小麦麸	山东	10.7	10.55	2.52	6.44	4.06	16.8	131	11.5	0.16	0.60	
小麦麸	上海	11.8	10.76	2.57	6.61	4.23	13.3	103	11.5	0.12	0.99	
小麦麸	江苏	14.0	10.84	2.59	6.65	4.31	17.4	136	11.5	0.41	0.93	
小麦麸	河南	11.7	10.59	2.53	6.44	4.06	17.7	134	9.6	0.24	0.99	
小麦麸	广东	12.2	10.93	2.61	4.74	4.35	14.5	110	9.8	0.13	1.05	
小麦麸	贵州	9.2	9.63	2.30	5.73	3.26	13.0	84	12.9	-	-	
小麦麸	吉林	10.7	10.93	2.61	6.74	4.35	14.7	111	9.2	0.28	1.01	
小麦麸	云南	10.2	11.05	2.64	6.83	4.44	15.5	118	9.7	0.17	1.02	
小麦麸	四川	10.2	10.93	2.61	6.74	4.35	15.8	120	8.1	0.16	20.7	
小麦麸	四川	12.0	10.76	2.57	6.61	4.23	17.5	133	9.3	0.14	0.97	
小麦麸	全国	11.4	10.89	2.60	6.69	4.31	16.3	124	10.4	0.20	0.88	
玉米皮	北京	12.1	9.46	2.26	5.65	3.10	11.5	60	15.7	-	-	
玉米皮	6省市	11.8	10.89	2.60	6.69	4.31	11.0	63	10.3	0.32	0.40	

续附表 1

饲料名称	产地	水分(%)	代谢能 (兆焦/千克)	代谢能 (兆卡/千克)	维持净能 (兆焦/千克)	增重净能 (兆焦/千克)	粗蛋白质 (%)	可消化粗蛋白质(克)	粗纤维 (%)	钙 (%)	磷 (%)	备注
						在干物质中						
八、豆类												
蚕豆	上海	11.0	12.14	2.90	7.78	5.19	30.9	235	9.1	0.12	0.44	
蚕豆	广东	12.0	12.23	2.92	7.87	5.27	32.4	246	9.2	-	0.20	
蚕豆	14省	12.0	12.18	2.91	7.82	5.23	28.3	215	8.5	0.17	0.45	
大豆	北京	9.8	15.24	3.64	11.38	6.90	44.3	399	7.0	0.31	0.68	
大豆	吉林	10.0	15.78	3.77	12.13	7.15	40.6	365	5.1	0.06	0.47	
大豆	黑龙江	9.2	14.28	3.41	10.13	6.44	34.9	241	14.0	0.34	0.53	
大豆	上海	12.0	15.03	3.59	11.09	6.82	46.0	414	7.8	-	0.53	
大豆	河南	10.0	15.32	3.66	11.51	6.95	42.0	378	6.2	0.37	0.46	
大豆	广东	12.0	15.03	3.59	11.09	6.82	45.0	405	5.7	-	0.30	
大豆	贵州	12.0	14.49	3.46	10.38	6.53	42.6	384	10.1	0.19	0.63	
大豆	16省市	12.0	15.24	3.64	11.38	6.90	42.0	378	5.8	0.31	0.55	
黑豆	河北	5.3	14.61	3.49	10.54	6.61	43.0	387	7.3	0.29	0.63	
黑豆	内蒙古	7.7	14.57	3.48	10.50	6.61	37.6	338	10.0	-	0.75	
橄豆	贵州	14.4	12.14	2.90	7.78	5.23	25.1	191	6.7	0.46	0.55	
九、粕饼类												
菜籽饼	上海	10.3	10.76	2.57	6.61	4.23	44.6	384	13.0	-	-	

续附表 1

饲料名称	产地	水分 (%)	代谢能 (兆焦/千克)	代谢能 (兆卡/千克)	维持净能 (兆焦/千克)	增重净能 (兆焦/千克)	粗蛋白质 (%)	可消化粗蛋白质 (克)	粗纤维 (%)	钙 (%)	磷 (%)	备注
菜籽粕	四川	7.5	10.89	2.60	6.69	4.31	44.2	380	14.5	0.80	1.16	
菜籽饼	13省市	7.8	12.06	2.88	7.74	5.15	39.5	340	11.6	0.79	1.03	
菜籽饼	2省市	9.9	11.93	2.85	7.61	5.06	37.8	322	15.8	0.93	1.82	土榨
豆饼	北京	8.9	12.90	3.08	8.54	5.69	49.1	417	6.5	0.31	0.67	
豆饼	上海	12.4	12.94	3.09	8.58	5.69	49.5	421	8.0	0.34	0.57	
豆粕	四川	11.0	12.43	2.97	8.08	5.40	51.5	463	6.7	0.36	0.75	
豆饼	河南	4.9	13.15	3.14	8.83	5.82	47.9	408	6.2	0.61	0.05	
豆饼	河南	12.7	13.19	3.15	8.87	5.86	46.6	396	6.0	0.49	0.38	热榨
豆饼	吉林	10.0	13.10	3.13	8.78	5.82	46.4	395	5.7	0.38	0.86	热榨
豆饼	黑龙江	9.0	13.27	3.17	8.95	5.90	45.9	390	5.5	–	–	热榨
豆饼	广东	11.0	12.94	3.09	8.58	5.73	47.9	407	5.7	0.35	0.55	机榨
豆饼	13省市	9.4	12.98	3.10	8.62	5.73	47.5	403	6.3	0.35	0.55	42样品均值
胡麻饼	北京	8.9	12.22	1.88	7.87	5.23	39.4	347	9.8	0.43	0.95	亚麻仁饼
胡麻饼	内蒙古	6.2	12.05	1.85	7.74	5.15	34.4	296	12.9	0.66	1.07	亚麻仁饼
胡麻饼	黑龙江	11.2	12.47	1.94	8.12	5.44	30.6	270	11.0	–	–	亚麻仁饼
胡麻饼	新疆	7.6	12.43	1.93	8.08	5.40	34.5	304	9.0	0.80	0.80	
胡麻饼	8省市	8.0	12.30	1.90	7.95	5.31	36.0	317	10.7	0.63	0.84	11样品均值

续附表 1

饲料名称	产地	水分(%)	代谢能 (兆焦/千克)	代谢能 (兆卡/千克)	维持净能 (兆焦/千克)	增重净能 (兆焦/千克)	粗蛋白质(%)	可消化粗蛋白质(克)	粗纤维(%)	钙(%)	磷(%)	备注
花生饼	北京	11.0	13.14	2.11	8.83	5.82	46.9	422	5.5	0.26	0.72	机榨
花生饼	山东	11.0	13.35	2.16	9.04	5.94	55.2	497	6.0	0.34	0.33	10样品均值
花生粕	上海	9.9	11.97	1.83	7.66	5.10	54.2	487	6.1	—	—	浸提
花生饼	南京	11.5	12.27	1.89	7.91	5.27	44.6	402	4.1	0.37	0.62	
花生饼	河南	8.0	13.27	2.14	8.95	5.90	53.9	485	5.4	0.18	0.64	6样品均值
花生饼	广东	11.0	13.15	2.11	8.83	5.82	52.5	472	4.6	0.21	0.69	9样品均值
花生饼	四川	8.0	12.43	1.93	8.08	5.40	49.8	403	12.0	—	0.62	机榨
花生粕	四川	8.0	11.51	1.73	7.24	4.77	51.5	417	14.1	0.22	0.71	浸提
花生粕	9省市	10.0	13.27	2.14	8.95	5.86	51.6	439	5.9	0.28	0.58	32样品均值
米糠粕	上海	9.2	10.34	1.50	6.28	3.85	17.5	119	10.2	—	—	脱脂
米糠饼	广东	17.5	10.68	1.56	6.53	4.14	18.5	126	12.2	—	—	浸提
米糠粕	云南	10.1	9.38	1.33	5.56	3.01	16.6	113	13.3	0.16	1.13	浸提
米糠饼	7省市	9.3	10.55	1.54	6.44	4.02	16.8	114	9.8	0.13	0.20	13样品均值
棉籽饼	上海	15.6	8.46	1.19	4.98	2.09	24.5	181	24.4	0.92	0.75	浸提
棉仁粕	上海	11.7	11.22	1.67	6.99	4.56	44.6	361	11.8	0.26	2.28	土榨
棉仁饼	湖南	6.2	9.55	1.36	5.69	3.18	23.1	171	25.2	0.28	0.59	浸提
棉仁粕	四川	7.5	11.22	1.67	6.99	4.56	44.3	359	13.0	0.17	1.30	6样品均值

续附表 1

十二、矿物质饲料

饲料名称	产地	水分(%)	代谢能(兆焦/千克)	代谢能(兆卡/千克)	在干物质中 维持净能(兆焦/千克)	增重净能(兆焦/千克)	粗蛋白质(%)	可消化粗蛋白质(克)	粗纤维(%)	钙(%)	磷(%)	备注
石灰石粉	北京	0.0	-	-	-	-	-	-	-	33.8	0.02	
磷灰石	北京	0.2	-	-	-	-	-	-	-	33.1	18.0	
磷酸氢钙	北京	4.0	-	-	-	-	-	-	-	23.1	18.7	
磷酸钠	北京	3.3	-	-	-	-	-	-	-	-	26.0	
贝壳粉	北京	0.0	-	-	-	-	-	-	-	38.1	0.1	
骨粉	北京	5.0	-	-	-	-	-	-	-	30.5	14.3	
骨粉	北京	5.0	-	-	-	-	-	-	-	22.0	11.0	
石粉	北京	0.0	-	-	-	-	-	-	-	36.0	-	
石粉	河北	0.0	-	-	-	-	-	-	-	33.0	-	

附表 2 生长肥育肉牛营养需要 （每天每头的养分）

体重（千克）	日增重（克）	干物质进食量（千克/头·日）	日粮中粗饲料比例（%）	蛋白质总量（千克）	维持需要（兆焦/千克）	增重需要（兆焦/千克）	总养分（千克）	钙（克）	磷（克）	维生素A（1×1000单位）
100	0	2.1	100	0.18	10.17	0	1.20	4	4	5
	500	2.9	75~80	0.36	10.17	3.72	1.82	14	11	6
	700	2.7	55	0.41	10.17	5.31	2.00	19	13	6
	900	2.8	27	0.45	10.17	7.03	2.09	24	16	7
	1100	2.7	15	0.50	10.17	8.79	2.32	28	19	7
150	0	2.8	100	0.23	13.81	0	1.60	5	5	6
	500	4.0	75	0.45	13.81	5.02	2.50	14	12	9
	700	3.9	55	0.50	13.81	7.24	2.72	18	14	9
	900	3.8	27	0.55	13.81	9.50	3.00	28	17	9
	1100	3.7	15	0.59	13.81	11.88	3.09	28	20	9
200	0	3.5	100	0.30	17.15	0	1.90	6	6	8
	500	5.8	85	0.59	17.15	6.23	3.41	14	13	12
	700	5.7	75	0.59	17.15	8.95	3.59	18	16	13
	900	4.9	40	0.59	17.15	11.80	3.72	23	18	13
	1100	4.6	15	0.64	17.15	14.73	3.90	27	20	13

续附表 2

体重 (千克)	日增重 (克)	干物质进食量 (千克/头·日)	日粮中粗饲料比例 (%)	蛋白质总量 (千克)	维持需要 (兆焦/千克)	增重需要 (兆焦/千克)	总养分 (千克)	钙 (克)	磷 (克)	维生素 A (1×1000 单位)
250	0	4.1	100	0.35	20.25	0	2.30	8	8	9
	700	5.8	60	0.64	20.25	10.59	4.00	18	16	14
	900	6.2	47	0.68	20.25	13.93	4.50	22	19	14
	1100	6.0	22	0.73	20.25	17.45	4.72	26	21	14
	1300	6.0	15	0.77	20.25	21.09	5.22	30	23	14
300	0	4.7	100	0.40	23.22	0	2.60	9	9	10
	900	8.1	60	0.82	23.22	15.98	5.40	22	19	16
	1100	7.6	22	0.82	23.22	20.00	5.58	25	22	16
	1300	7.1	15	0.82	23.22	24.14	6.00	29	23	16
	1400	7.3	15	0.86	23.22	26.32	6.22	31	25	16
350	0	5.3	100	0.46	26.11	0	2.90	10	10	12
	900	8.0	45~55	0.80	26.11	17.95	5.81	20	18	18
	1100	8.0	20~25	0.83	26.11	22.43	6.22	23	20	18
	1300	8.0	15	0.87	26.11	27.11	6.81	26	22	18
	1400	8.2	15	0.90	26.11	29.54	7.00	28	24	18

续附表 2

体重（千克）	日增重（克）	干物质进食量（千克/头·日）	日粮中粗饲料比例（%）	蛋白质总量（千克）	维持需要（兆焦/千克）	增重需要（兆焦/千克）	总养分（千克）	钙（克）	磷（克）	维生素A（1×1000单位）
400	0	5.9	100	0.51	28.83	0	3.30	11	11	13
	1000	9.4	55	0.86	28.83	22.31	6.81	21	20	19
	1200	8.5	20~25	0.86	28.83	27.36	7.00	23	21	19
	1300	8.6	15	0.91	28.83	29.96	7.31	25	23	19
	1400	9.0	15	0.95	28.83	32.64	7.72	26	23	19
450	0	6.4	100	0.54	31.46	0	3.60	12	12	14
	1000	10.3	55	0.95	31.46	24.35	7.40	20	20	20
	1200	10.2	20~25	0.95	31.46	29.87	7.90	23	22	20
	1300	9.3	15	0.95	31.46	32.76	8.00	24	23	20
	1400	9.8	15	0.95	31.46	35.65	8.40	25	23	20
500	0	7.0	100	0.60	34.06	0	3.80	19	19	15
	900	10.5	55	0.95	34.06	23.43	7.50	19	19	23
	1100	10.4	20~25	0.95	34.06	29.33	8.10	20	20	23
	1200	9.6	15	0.95	34.06	32.34	8.20	21	21	23
	1300	10.0	15	0.95	34.06	35.44	8.70	22	22	23

附表 3　生长肥育肉牛营养需要（日粮干物质中的养分含量）

体重（千克）	日增重（克）	干物质进食量（千克/头·日）	日粮中粗饲料比例（%）	蛋白质总量（%）	维持需要（兆焦/千克）	增重需要（兆焦/千克）	总养分（%）	钙（%）	磷（%）
100	0	2.1	100	8.7	4.90	0	55	0.18	0.18
	500	2.9	70~80	12.4	5.65	3.14	62	0.48	0.38
	700	2.7	55	14.8	6.69	4.18	70	0.70	0.48
	900	2.8	25~30	16.4	7.57	4.94	77	0.86	0.57
	1100	2.7	<15	18.2	8.66	5.73	86	1.04	0.70
150	0	2.8	100	8.7	4.90	0	55	0.18	0.18
	500	4.0	70~80	11.0	5.65	3.14	62	0.35	0.32
	700	3.9	55	12.6	6.69	4.18	70	0.46	0.36
	900	3.8	25~35	14.1	7.57	4.94	77	0.61	0.45
	1100	3.7	<15	15.6	8.66	5.73	86	0.76	0.54
200	0	3.5	100	8.5	4.90	0	55	0.18	0.18
	500	5.8	80~90	9.9	5.23	2.51	58	0.24	0.22
	700	5.7	70~80	10.8	5.86	3.26	64	0.32	0.28
	900	4.9	34~45	12.3	7.11	4.60	75	0.47	0.37
	1100	4.6	<15	13.6	8.66	5.73	86	0.59	0.43

续附表 3

体重 (千克)	日增重 (克)	干物质进食量 (千克/ 头·日)	日粮中粗 饲料比例(%)	蛋白质总量 (%)	维持需要 (兆焦/ 千克)	增重需要 (兆焦/ 千克)	总养分 (%)	钙 (%)	磷 (%)
250	0	4.1	100	8.5	4.90	0	55	0.18	0.18
	700	5.8	55~65	10.7	6.53	3.97	70	0.31	0.28
	900	6.2	45	11.1	6.86	4.27	72	0.35	0.31
	1100	6.0	20~25	12.1	7.57	4.94	77	0.43	0.35
	1300	6.0	<15	12.7	8.66	5.73	86	0.50	0.38
300	0	4.7	100	8.6	4.90	0	55	0.18	0.18
	900	8.1	55~65	10.0	6.53	3.97	70	0.27	0.23
	1100	7.6	20~25	10.8	7.57	4.94	77	0.33	0.29
	1300	7.1	<15	11.7	8.28	5.48	83	0.41	0.32
	1400	7.3	<15	11.9	8.66	5.73	86	0.42	0.34
350	0	5.3	100	8.5	4.90	0	55	0.18	0.18
	900	8.0	45~55	10.0	6.86	4.27	72	0.25	0.22
	1100	8.0	20~25	10.4	7.57	4.94	80	0.29	0.25
	1300	8.0	<15	10.8	8.28	5.48	83	0.32	0.28
	1400	8.2	<15	10.9	8.66	5.73	86	0.34	0.29

续附表 3

体重 （千克）	日增重 （克）	干物质进食量 （千克/ 头·日）	日粮中粗 饲料比例（%）	蛋白质总量 （%）	维持需要 （兆焦/ 千克）	增重需要 （兆焦/ 千克）	总养分 （%）	钙 （%）	磷 （%）
400	0	5.9	100	8.5	4.90	0	55	0.18	0.18
	1000	9.4	45~55	9.4	6.86	4.27	72	0.22	0.21
	1200	8.5	20~25	10.2	7.57	4.94	80	0.27	0.25
	1300	8.6	<15	10.4	8.66	5.73	86	0.29	0.26
	1400	9.0	<15	10.5	8.66	5.73	86	0.29	0.26
450	0	6.4	100	8.5	4.90	0	55	0.18	0.18
	1000	10.3	45~55	9.3	6.86	4.27	72	0.19	0.19
	1200	10.2	20~25	9.5	7.57	4.94	80	0.23	0.22
	1300	9.3	<15	10.4	8.66	5.73	86	0.26	0.25
	1400	9.8	<15	10.0	8.66	5.73	86	0.26	0.23
500	0	7.0	100	8.5	4.90	0	55	0.18	0.18
	900	10.5	45~55	9.1	6.86	4.27	72	0.18	0.18
	1100	10.4	20~25	9.2	7.57	4.94	80	0.19	0.19
	1200	9.6	<15	10.0	8.66	5.73	86	0.22	0.22
	1300	10.0	<15	9.7	8.66	5.73	86	0.22	0.22

附表 4 生长肥育肉牛的净能需要量

体重（千克）	100	150	200	250	300	350	400	450	500
维持需要（兆焦/头·日）	10.17	13.81	17.15	20.25	23.22	26.11	28.83	31.46	34.06
日增重（克）	增重需要（兆焦/头·日）								
100	0.71	0.96	1.17	1.42	1.63	1.80	2.01	2.18	2.34
200	1.42	1.92	2.38	2.85	3.26	3.68	4.06	4.44	4.77
300	2.18	2.93	3.64	4.31	4.94	5.56	6.15	6.74	7.28
400	2.93	3.97	4.94	5.86	6.69	7.53	8.33	9.08	9.79
500	3.72	5.02	6.23	7.41	8.45	9.50	10.50	11.46	12.43
600	4.52	6.11	7.57	9.00	10.29	11.55	12.76	13.93	15.06
700	5.31	7.24	8.95	10.59	12.13	13.64	15.06	16.44	17.78
800	6.15	8.37	10.33	12.26	14.06	15.77	17.45	19.04	20.59
900	7.03	9.50	11.80	13.93	15.98	17.95	19.83	21.67	23.43
1000	7.87	10.67	13.22	15.69	17.95	20.17	22.31	24.35	26.32
1100	8.79	11.88	14.73	17.45	20.00	22.43	24.81	27.07	29.33
1200	9.67	13.10	16.23	19.25	22.05	24.77	27.36	29.87	32.34
1300	10.59	14.35	17.82	21.09	24.14	27.11	29.96	32.76	35.44
1400	11.55	15.65	19.37	22.97	26.32	29.54	32.64	35.65	38.58
1500	12.51	16.95	21.00	24.89	28.49	32.01	35.40	38.62	41.76

金盾版图书,科学实用,
通俗易懂,物美价廉,欢迎选购

猪人工授精技术100题	6.00元	猪病中西医结合治疗	12.00元
塑料暖棚养猪技术	8.00元	猪病鉴别诊断与防治	13.00元
猪良种引种指导	9.00元	断奶仔猪呼吸道综合征	
瘦肉型猪饲养技术(修订版)	6.00元	及其防制	5.50元
		仔猪疾病防治	11.00元
猪饲料科学配制与应用	9.00元	养猪防疫消毒实用技术	8.00元
中国香猪养殖实用技术	5.00元	猪链球菌病及其防治	6.00元
肥育猪科学饲养技术(修订版)	10.00元	猪细小病毒病及其防制	6.50元
		猪传染性腹泻及其防制	10.00元
小猪科学饲养技术(修订版)	7.00元	猪圆环病毒病及其防治	6.50元
母猪科学饲养技术	9.00元	猪附红细胞体病及其防治	7.00元
猪饲料配方700例(修订版)	10.00元	猪伪狂犬病及其防制	9.00元
		图说猪高热病及其防制	10.00元
猪瘟及其防制	7.00元	实用畜禽阉割术(修订版)	8.00元
猪病防治手册(第三次修订版)	16.00元	新编兽医手册(修订版)	49.00元
猪病诊断与防治原色图谱	17.50元	兽医临床工作手册	42.00元
		畜禽药物手册(第三次修订版)	53.00元
养猪场猪病防治(第二次修订版)	17.00元	兽医药物临床配伍与禁忌	22.00元
猪防疫员培训教材	9.00元		
猪繁殖障碍病防治技术(修订版)	9.00元	畜禽传染病免疫手册	9.50元
		畜禽疾病处方指南	53.00元
猪病针灸疗法	3.50元	禽流感及其防制	4.50元

以上图书由全国各地新华书店经销。凡向本社邮购图书或音像制品,可通过邮局汇款,在汇单"附言"栏填写所购书目,邮购图书均可享受9折优惠。购书30元(按打折后实款计算)以上的免收邮挂费,购书不足30元的按邮局资费标准收取3元挂号费,邮寄费由我社承担。邮购地址:北京市丰台区晓月中路29号,邮政编码:100072,联系人:金友,电话:(010)83210681、83210682、83219215、83219217(传真)。